Insolvenzen in der kritischen Infrastruktur

Pascal Kuhn

Insolvenzen in der kritischen Infrastruktur

Fokus kommunale Unternehmen und Energiewirtschaft

Pascal Kuhn
Recurrent Energy
Frankfurt, Deutschland

ISBN 978-3-658-47369-3   ISBN 978-3-658-47370-9 (eBook)
https://doi.org/10.1007/978-3-658-47370-9

Die Deutsche Nationalbibliothek verzeichnet diese Publikation in der Deutschen Nationalbibliografie; detaillierte bibliografische Daten sind im Internet über https://portal.dnb.de abrufbar.

© Der/die Herausgeber bzw. der/die Autor(en), exklusiv lizenziert an Springer Fachmedien Wiesbaden GmbH, ein Teil von Springer Nature 2025

Das Werk einschließlich aller seiner Teile ist urheberrechtlich geschützt. Jede Verwertung, die nicht ausdrücklich vom Urheberrechtsgesetz zugelassen ist, bedarf der vorherigen Zustimmung des Verlags. Das gilt insbesondere für Vervielfältigungen, Bearbeitungen, Übersetzungen, Mikroverfilmungen und die Einspeicherung und Verarbeitung in elektronischen Systemen.
Die Wiedergabe von allgemein beschreibenden Bezeichnungen, Marken, Unternehmensnamen etc. in diesem Werk bedeutet nicht, dass diese frei durch jede Person benutzt werden dürfen. Die Berechtigung zur Benutzung unterliegt, auch ohne gesonderten Hinweis hierzu, den Regeln des Markenrechts. Die Rechte des/der jeweiligen Zeicheninhaber*in sind zu beachten.
Der Verlag, die Autor*innen und die Herausgeber*innen gehen davon aus, dass die Angaben und Informationen in diesem Werk zum Zeitpunkt der Veröffentlichung vollständig und korrekt sind. Weder der Verlag noch die Autor*innen oder die Herausgeber*innen übernehmen, ausdrücklich oder implizit, Gewähr für den Inhalt des Werkes, etwaige Fehler oder Äußerungen. Der Verlag bleibt im Hinblick auf geografische Zuordnungen und Gebietsbezeichnungen in veröffentlichten Karten und Institutionsadressen neutral.

Springer Vieweg ist ein Imprint der eingetragenen Gesellschaft Springer Fachmedien Wiesbaden GmbH und ist ein Teil von Springer Nature.
Die Anschrift der Gesellschaft ist: Abraham-Lincoln-Str. 46, 65189 Wiesbaden, Germany

Wenn Sie dieses Produkt entsorgen, geben Sie das Papier bitte zum Recycling.

Competing Interests

Der/die Autor*in hat keine für den Inhalt dieses Manuskripts relevanten Interessenkonflikte.

Inhaltsverzeichnis

A. Einleitung 1
    I. Motivation und Zielsetzung der Ausarbeitung 1
    II. Zusammenfassende Einordnung der verfügbaren Publikationen 3
    III. Fokus der Ausarbeitung 3

B. Begriffsbestimmungen und Strukturen 5
    I. Definition ‚Kritische Infrastruktur' 5
    II. Struktur deutscher Energieversorgungsunternehmen 6
    III. Grundlegende Erklärungen zu Strom-, Gas-, (Ab)Wasser- und
    Wärmenetzen 8
        a) Stromnetze 8
        b) Gasnetze 9
        c) (Ab)Wassernetze 9
        d) Wärmenetze 9
    IV. Lage der kommunalen Finanzen 10
    V. Finanzierungssituation von Energieversorgungsunternehmen 12
    VI. Definition ‚(Unternehmens)Krise' 15
    VII. Sanierungsmöglichkeiten 16

**C. Energierechtliche Prinzipien und deren Auswirkungen in
Insolvenzverfahren** 19
    I. Grundlagen des Energierechts 19
    II. Erste Säule: Insolvenzrelevante Fragestellungen in Kraftwerksbetrieb
    und Handel 20
        1. Betreiber von Reservekraftwerken 20
        2. Strombörse und -händler 23
        3. Weitere Fragestellungen in Erzeugung und Handel 27
        4. Weitere Praxisfälle mit Bezug zu Erzeugung und Handel 28

III. Zweite Säule: Insolvenzrelevante Fragestellungen im Netzbetrieb 32
    1. Stromverteilnetzbetreiber... 32
    2. Messstellenbetreiber 34
    3. Weitere Fragestellungen im Netzbetrieb 36
IV. Dritte Säule: Insolvenzrelevante Fragestellungen im kundennahen Geschäft . . 36
    1. Grundversorger... 36
    2. B2C-Commidity-Vertrieb... 38
    3. B2B-Commidity-Vertrieb... 39
    4. Betreiber von Wärmenetzen....................................... 42
    5. Weitere Fragestellungen im kundennahen Geschäft 44
V. Vierte Säule: Insolvenzrelevante Fragestellungen bei der quasi-kommunale
    Daseinsvorsorge 44
    1. Grundlegendes 44
    2. Praxisfälle... 45
VI. Weitere Praxisfälle von Insolvenzen in der kritischen Energieinfrastruktur . . . 46

D. Ausgewählte rechtsdogmatische Fragestellungen 47
    I. Insolvenzfähigkeit von Kommunen 47
    II. Die öffentliche Hand als Gesellschafter in der Energiewirtschaft 48
    III. Insolvenzfähigkeit von Trägern kritischer Energieinfrastrukturen........... 52
    IV. Beihilferechtliche Zulässigkeit staatlicher Sanierungsunterstützung.......... 53
    V. Nachschusspflichten bei privatrechtlich organisierten Energieversorgern..... 54
    VI. Durchgriffs- und Existenzvernichtungshaftung 56

E. Zusammenfassung, Lehren und Fazit 59

Literatur- und Quellenverzeichnis 63

Abkürzungsverzeichnis

AEUV	Vertrag über die Arbeitsweise der Europäischen Union
ARegV	Anreizregulierungsverordnung
B2B	Business-to-Business, Firmenkundengeschäft
B2C	Business-to-Consumer, Privatkundengeschäft
BDEW	Bundesverband der Energie- und Wasserwirtschaft
BNetzA	Bundesnetzagentur
BSI	Bundesamt für Sicherheit in der Informationstechnik
EBITDA	Earnings before interest, taxes, depreciation and amortization (Gewinn vor Zinsen, Steuern sowie Abschreibungen auf Sachanlagen und immaterielle Vermögenswerte)
EEG	Erneuerbare-Energien-Gesetz
EEX	European Energy Exchange
EnWG	Energiewirtschaftsgesetz
EVU	Energieversorgungsunternehmen
f/ff	Folgende/fortfolgende
GG	Grundgesetz
GWB	Gesetz gegen Wettbewerbsbeschränkungen
InsO	Insolvenzordnung
KapResV	Kapazitätsreserveverordnung
KRITIS	Kritische Infrastruktur
kV	Kilovolt
MSB	Messstellenbetreiber
MsbG	Messstellenbetriebsgesetz
PIT	Private Investor Test
StromGVV	Stromgrundversorgungsverordnung
StromNZV	Stromnetzzugangsverordnung
ZfK	Zeitung für Kommunalwirtschaft

Abbildungsverzeichnis

Abb. 1	Das Vier-Säulen-Modell nach Kuhn (2023)	7
Abb. 2	Aufbau der leitungsgebundenen Elektrizitätsversorgung. (Nach Kuhn 2023)	8
Abb. 3	Struktur der Trinkwassernetze am Beispiel der Fernwasserversorgung Franken. (Fernwasserversorgung Franken 2024)	10
Abb. 4	Visualisierung der integrierten kommunalen Schulden 2022. (Statistisches Bundesamt 2024)	11

A. Einleitung

I. Motivation und Zielsetzung der Ausarbeitung

Die Energieversorgung in Deutschland ist mit ca. 900 Stromnetzgesellschaften,[1] 1356 Stromlieferanten,[2] und einer ähnlich großen Anzahl damit verbundener Stadtwerke von einer international ungewöhnlichen Kleinteiligkeit geprägt. Beispielsweise ist im Vergleich die leitungsgebundene Stromversorgung in den Niederlanden[3] mit einem Transportnetzbetreiber und sieben Verteilnetzbetreibern, in Polen[4] mit einem Transportnetzbetreibern und fünf Verteilnetzbetreibern oder in Frankreich[5] mit einem Übertragungs- und einem Verteilnetzbetreiber wesentlich zentralisierter strukturiert.

In der deutschen Kleinteiligkeit sind insbesondere Stadtwerke relevante Träger kritischer Energieinfrastrukturen. Stadtwerke, insbesondere jene mit kommunaler Eigentümerstruktur, wurden lange Zeit aus Sicht der Banken als risikofreie Kreditnehmer betrachtet. Durch den Insolvenzantrag der Stadtwerke Gera im Jahr 2014[6] musste diese Sichtweise hinterfragt werden. Die 2013 in Kraft getretenen „*Basel III*"-Vorschriften zur Stärkung des Bankensektors (Basel III)[7] fordern ebenfalls einen kritischen Blick auf die Finanzierungsfähigkeit von Stadtwerken ein, insbesondere da sich seit 2017 die Bonitäts-

---

[1] Bundesnetzagentur/Bundeskartellamt (2023).
[2] BDEW (2020).
[3] Energy Kamer (2024).
[4] Agora Energiewende (2018).
[5] Edf (2024).
[6] Fischer (2017).
[7] Hofmann (2014).

© Der/die Autor(en), exklusiv lizenziert an Springer Fachmedien Wiesbaden GmbH, ein Teil von Springer Nature 2025
P. Kuhn, *Insolvenzen in der kritischen Infrastruktur*,
https://doi.org/10.1007/978-3-658-47370-9_1

kennziffern der 50 größten Kommunalversorger verschlechtert haben.[8] Stadtwerke können sich daher nicht mehr grundsätzlich auf bisherige (Re)Finanzierungsmöglichkeiten verlassen.[9]

Neben den Stadtwerken Gera mussten bisher unter anderem die Stadtwerke Wanzleben und Bad Belzig, der Gasvermarkter bmp greengas sowie eine größere Anzahl von Energielieferanten Insolvenz anmelden. Schlagzeilen wie *„Streit um Hunderte Millionen Euro nach Insolvenz von EnBW-Beteiligung"*,[10] *„Nicht handlungsfähig: Zweifel an Umstrukturierung der Stadtwerke werden lauter"*,[11] *„Ostthüringer Stadtwerk kündigt Antrag auf Insolvenz an"*,[12] *„Drohende Insolvenz eines Energieversorgers frühzeitig erkennen"*,[13] *„Stadtwerke und Kliniken: Kommunen droht Insolvenzwelle"*,[14] *„Aschaffenburger Stadtwerke fürchten um ihre Existenz"*,[15] *„Stadtwerke in der Energiekrise"*,[16] *„Droht Stadtwerken in Baden-Württemberg bald die Insolvenz?"*,[17] *„Stadtwerke in Not – „Es ist verdammt ernst""*,[18] *„Gas-Sparte zieht Stadtwerke Memmingen tief in die roten Zahlen"*,[19] *„Wer rettet die Stadtwerke?"*[20] oder *„Krisenkonzern Uniper – Aktionäre ebnen Weg zur Verstaatlichung"*[21] verdeutlichen, dass Insolvenzen in der kritischen Energieinfrastruktur real eintreten können.

Stadtwerke, Netzgesellschaften und weitere Unternehmungen der Energiewirtschaft stellen in ihren Tätigkeitsgebieten wichtige, sogenannte kritische, Infrastrukturen und Dienstleistungen zur Verfügung. Kommt es im Zusammenhang mit einer Insolvenz zu Störungen oder Ausfällen dieser Infrastrukturen, so wirken sich diese weit stärker als bei anderen Insolvenzverfahren auf unbeteiligte Dritte aus.

Vor diesem Hintergrund stellen sich Fragen an der Schnittstelle zwischen Insolvenz- und Energierecht, welche diese Arbeit beleuchten möchte. Dies soll politischen Entscheidern und Verantwortlichen in den Stadtwerken Handlungsoptionen aufzeigen.

---

[8] Markt und Mittelstand (2022).
[9] Rödl & Partner (2015), Main-Spitze (2024), Handelsblatt (2024a).
[10] Handelsblatt (2023).
[11] Matz (2023).
[12] Energie & Management (2023a).
[13] Verbraucherzentrale Niedersachsen (2023).
[14] Erhardt-Maciejewski (2022).
[15] Main-Echo (2022).
[16] Beutler (2022).
[17] SWR (2022).
[18] Theurer (2022).
[19] Otto (2022).
[20] Sonnenberg (2022).
[21] WirtschaftsWoche (2022).

II. Zusammenfassende Einordnung der verfügbaren Publikationen

Trotz einer umfangreichen Anzahl an Veröffentlichungen, welche Krisensituationen bei Trägern kritischer (Energie-)Infrastrukturen thematisieren, sind die publizierten insolvenzrechtlichen Einordnungen hinsichtlich dieser Unternehmungen sehr überschaubar.

Besonders hervorzuheben sind die Werke von Beckermann (2009), mit dem Fokus auf die Insolvenzen von Grundversorgern, und Buchmann (2009), mit den Schwerpunkten Insolvenzfähigkeit kommunaler Energie-versorgungsunternehmen, Rettungspflichten der öffentlichen Hand sowie deren beihilferechtlichen Zulässigkeiten. Durch Änderungen in der Energiewelt, unter anderem mit Blick auf die Verwerfungen des Jahres 2022 und die Einführung dynamischer Stromtarife, sowie Weiterentwicklungen im Insolvenzrecht, wurden einige der insbesondere bei Beckermann (2009) geäußerten Grundannahmen überholt.

Folglich ist die wesentliche Fragestellung dieser Arbeit, das Spannungsfeld zwischen Energie- und Insolvenzrecht, bisher nicht diskutiert worden. Gleichzeitig verdeutlichen die Zahl der Insolvenz-verfahren in diesem Sektor die Relevanz der Untersuchung.

III. Fokus der Ausarbeitung

Fokus dieser Ausarbeitung ist die Betrachtung von insolvenzrechtlichen Auswirkungen auf kritische Energieinfrastrukturen respektive die Rückkopplungen energierechtlicher Rechtsprinzipien auf Insolvenzverfahren. Das Hauptaugenmerk liegt auf Sondersituationen mit besonders hohem Schadenspotenzial, insbesondere im Bereich von Netzen (Strom, Gas, Wärme) und Erzeugung/Handel.

Hierfür werden zunächst Begriffe und Strukturen erläuternd dargestellt. Anschließend wird das Spannungsfeld in verschiedenen energiewirtschaftlichen Rollen beleuchtet. In diesem Zusammenhang werden Praxisfälle von Insolvenzen oder Beinahe-Insolvenzen betrachtet. Darüber hinaus werden rechtsdogmatische Fragen diskutiert. Abschließend werden Lehren und das Fazit gezogen.

B. Begriffsbestimmungen und Strukturen

I. Definition ‚Kritische Infrastruktur'

Kritische Infrastruktur (KRITIS) umfasst Einrichtungen und Systeme, die für die Funktionsfähigkeit einer Gesellschaft essenziell sind. Ihre Beeinträchtigung oder Zerstörung hätte schwerwiegende Folgen für die öffentliche Sicherheit, die Wirtschaft und das tägliche Leben der Bevölkerung. Die Definition von KRITIS ist komplex und variiert je nach Land und Kontext. Das Bundesamt für Sicherheit in der Informationstechnik (BSI) definiert kritische Infrastrukturen als *„Organisationen und Einrichtungen mit wichtiger Bedeutung für das staatliche Gemeinwesen, bei deren Ausfall oder Beeinträchtigung nachhaltig wirkende Versorgungsengpässe, erhebliche Störungen der öffentlichen Sicherheit oder andere dramatische Folgen eintreten würden"*,[1]

KRITIS sind folglich Infrastrukturen, die für die Aufrechterhaltung fundamentaler gesellschaftlicher Funktionen unverzichtbar sind. Sie zeichnen sich durch eine starke Vernetzung aus, wodurch der Ausfall einer kritischen Infrastruktur kaskadenartige Auswirkungen auf andere Sektoren nach sich ziehen kann. Gleichzeitig ist KRITIS aufgrund der Komplexität und Ubiquität potenzielles Ziel von Angriffen und anfällig für Störungen. Das BSI sieht zehn Sektoren kritischer Infrastrukturen. Alle Organisationen aus diesen Sektoren zählen unabhängig ihrer Größe zu den kritischen Infrastrukturen:

1. Energie
2. Informationstechnik und Telekommunikation
3. Transport und Verkehr
4. Gesundheit

---

[1] BSI (2024).

5. Medien und Kultur
6. Wasser
7. Ernährung
8. Finanz- und Versicherungswesen
9. Siedlungsabfallentsorgung
10. Staat und Verwaltung

Hierbei ist die prominente Stellung des Sektors ‚Energie' an erster Stelle nicht zufällig gewählt: Ohne Stromversorgung wird das leitungs-gebundene Telekommunikationsnetz instantan unbrauchbar, auch Mobilfunkmasten sind in der Regel nur für einige Dutzend Minuten mit Notstrombatterien abgesichert. Fällt der Strom aus, so können viele Autobahntunnel nicht mehr durchlüftet werden und werden daher bei Stromausfällen automatisch gesperrt. Im Gesundheitssektor sind Krankenhäuser verpflichtet, nur für einige Stunden Notstromversorgung vorzuhalten. Ohne Strom funktionieren keine Pumpen in der Wasser- und Abwasserinfrastruktur, keine Melkmaschinen auf den Bauernhöfen und keine Computer in Banken oder Verwaltungen.[2]

Auch Krebs (2021) betont die Relevanz der Stromversorgung sowie deren Risikofaktoren. Ein genannter Risikofaktor ist menschliches Versagen, welches bei schwerwiegenden Ereignissen in der Regel hauptursächlich sei. Beispielhaft werden fehlerhafte durchgeführte Wartungsarbeiten und ineffizientes Management genannt. Auf Insolvenzen von Trägern kritischer Infrastrukturen wird nicht eingegangen, die von Krebs (2021) genannten Risikofaktoren würden sich in einer solchen Situation allerdings zuspitzen.

II. Struktur deutscher Energieversorgungsunternehmen

Für die weiteren Ausführungen ist ein Grundverständnis über den Aufbau und die Struktur der deutschen Energiewirtschaft notwendig. Die folgenden, stark zusammengefassten Ausführungen orientieren sich an Kuhn (2023). Insolvenzrechtliche Fragestellungen einzelner Tätigkeits-bereiche werden im Folgenden anhand dieser Struktur diskutiert.

Abb. 1 bildet die Struktur deutscher Energieversorgungsunternehmen anhand des Vier-Säulen-Modells[3] ab. Tätigkeiten der ersten Säule beinhalten die Energieerzeugung und den Handel mit Commodity-Produkten wie Strom, Gas sowie Verschmutzungsrechten. Zentraler Kunde für diese Aktivitäten ist die European Energy Exchange (EEX), eine Energiebörse mit Sitz in Leipzig. Dorthin verkaufen erneuerbare und konventionelle Kraftwerke ihre Energie in verschiedenen Produktkategorien, und von dort werden benötigte Mengen eingekauft. Ein kleiner, aber wachsender Teil der Energielieferungen wird nicht über die EEX gehandelt, sondern findet auf direktem Wege Abnehmer. Dies erfolgt zum Beispiel im Rahmen von Power Purchase Agreements oder Over-the-counter-Geschäften.

---

[2] Voßschmidt (2020).
[3] Kuhn (2023).

II. Struktur deutscher Energieversorgungsunternehmen

Abb. 1 Das Vier-Säulen-Modell nach Kuhn (2023)

In der zweiten Säule ist das regulierte Geschäft zusammengefasst. Dieses beinhaltet den Betrieb und den Ausbau von Strom- und Gasnetzen, welche regulatorisch ähnlich betreut werden. Auch die regulatorisch abweichend kontrollierten (Ab)Wassernetze werden zur zweiten Säule gezählt. Die Aktivitäten in dieser Säule sind ausschließlich natürliche Monopole, welche unter Aufsicht einer staatlichen Behörde stehen. Für Strom- und Gasnetze ist dies die Bundesnetzagentur (BNetzA). Für Wassernetze sind Landesbehörden zuständig.

Die dritte Säule umfasst das kundennahe Geschäft, in welchem ein privater oder geschäftlicher Endkunde für die Leistungserbringung zahlt. Diese Aktivitäten sind in der deutschen Energiewirtschaft sehr breit und umfassen traditionellerweise den Strom- und Gasvertrieb an Letzt-verbraucher (sowohl Privat- als auch Geschäftskunden), den (sehr wenig regulierten) Betrieb von Wärme- oder Telekommunikationsnetzen oder weitere Angebote wie Ladeinfrastruktur, Planungsleistungen für Kommunen, Dienstleistungen für private Stromnetze und (sehr) vieles mehr.

In der vierten Säule sind Aufgaben der kommunalen Daseinsvorsorge gedanklich gebündelt. Dies kann den Betrieb von Schwimmbädern, Eislaufhallen oder Tierparks umfassen. Vielerorts ist der öffentliche Personennahverkehr an das lokale Stadtwerk angegliedert. In aller Regel sind diese Aktivitäten unwirtschaftlich im Sinne von defizitär und sollen auf politischen Willen der (kommunalen) Eigner querfinanziert werden.

Die Geschäftsaktivitäten des Vier-Säulen-Modells ruhen auf unterstützenden Tätigkeiten wie beispielsweise die koordinierende Funktion der Geschäftsführung. Das Dach dieses Strategiehauses bilden Selbst-verständnis und Kultur des jeweiligen Energieversorgungsunternehmens.

Klarstellend sei erwähnt, dass nicht jeder Träger kritischer (Energie)Infrastrukturen alle genannten Aktivitäten betreibt. Beispielsweise gibt es ausschließlich auf Stromvertrieb spezialisierte Häuser und Stadtwerke, denen keine Aufgaben der kommunalen Daseinsvorsorge aufgebürdet wurden. Allerdings hilft die Klassifizierung in der weiteren Diskussion, da viele Strukturen in der deutschen Energiewirtschaft als verworren zu bezeichnen sind.

III. Grundlegende Erklärungen zu Strom-, Gas-, (Ab)Wasser- und Wärmenetzen

a) Stromnetze

Abb. 2 veranschaulicht den Aufbau des Stromnetzes: Die höchste Spannungsebenen, 220 Kilovolt (kV) und 380 kV befinden sich im sogenannten Transportnetz, auch Übertragungsnetz genannt. Das deutsche Transportnetz wird von vier Firmen betrieben und ausgebaut (Tennet, Amprion, Transnet BW und 50 Hertz). In das Transportnetz speisen ausschließlich große Kraftwerke elektrische Energie ein, Verbraucher sind dort nicht angeschlossen. Die Energie im Transportnetz fließt über Transformatoren in die niedrigeren Spannungsebenen des Verteilnetzes, in das Ausland oder von dort ins deutsche Netz.[4]

Abb. 2 Aufbau der leitungsgebundenen Elektrizitätsversorgung. (Nach Kuhn 2023)

---

[4] Kuhn (2023).

Im Verteilnetz werden die Spannungsebenen Hochspannung (110 kV), Mittelspannung (10 kV und 20 kV) sowie die Niederspannung (0,4 kV) unterschieden. In jeder dieser Spannungsebenen speisen Kraftwerke ein und beziehen Verbraucher elektrische Energie. Das Verteilnetz wird in Deutschland durch über 800 Netzgesellschaften betrieben.[5]

b) Gasnetze

Das Gasnetz ist ähnlich wie das Stromnetz aufgebaut: Auf der einen Seite stehen 16 Fernleitungsnetzbetreiber. Im Gas-Verteilnetz sind über 700 Netzgesellschaften aktiv.

c) (Ab)Wassernetze

Abb. 3 veranschaulicht vergleichend die Gliederung eines Wassernetzes: Aus lokalen Quellen oder aus den Leitungen der Fernwasserversorger (Beispiel: Fernwasserversorgung Franken), werden lokale Trinkwassernetze versorgt. Hierbei spielen kommunale Zweck-verbände eine große Rolle. Nur wenige Wasserversorger sind wie beispielsweise die Netze BW Wasser GmbH oder die Wasserversorgung Bischofswerda GmbH als Kapitalgesellschaft organisiert. Gleiches gilt für den Betrieb der Abwassernetze.

d) Wärmenetze

Nah- und Fernwärmenetze versorgen Wohnungen und Betriebsstätten über Leitungen und Wärmetauscher mit Heizenergie. Folglich wird die Wärme nicht im Gebäude, sondern über eine zentrale Kraftwerksanlage umgewandelt. Die Energie kann als Abwärme aus konventionellen (Kohle-)Kraftwerken stammen. So versorgen beispielsweise die Kohlekraftwerke in Heilbronn, Karlsruhe, Kiel, Mannheim oder Rostock lokale Wärmenetze. Im Zuge des Kohleausstiegs müssen diese Wärmenetze anderweitig versorgt werden, zudem wird im Rahmen der Wärmewende der Anteil der über Wärmenetze versorgten Gebäude wahrscheinlich steigen.[6] 2023 wurden in Deutschland 6 % der Wohngebäude über Fernwärme versorgt. Hierbei gibt es große regionale Unterschiede: So beträgt der Anteil mit über Wärmenetze versorgten Gebäuden in Mecklenburg-Vorpommern 38,1 %.[7]

Durch die infrastrukturellen Zwänge besteht eine große Abhängigkeit der Endkunden gegenüber ihrem Wärmeversorger: In der Regel kann ein Endkunde aus baulichen (z. B. Planbedarf einer Öl- oder Hackschnitzel-heizung) und genehmigungsrechtlichen (Anschlusszwang) Gründen seine Wärmeversorgung nicht kurzfristig umstellen. Dennoch

---

[5] Kuhn (2023).
[6] SZ (2023).
[7] BDEW (2023).

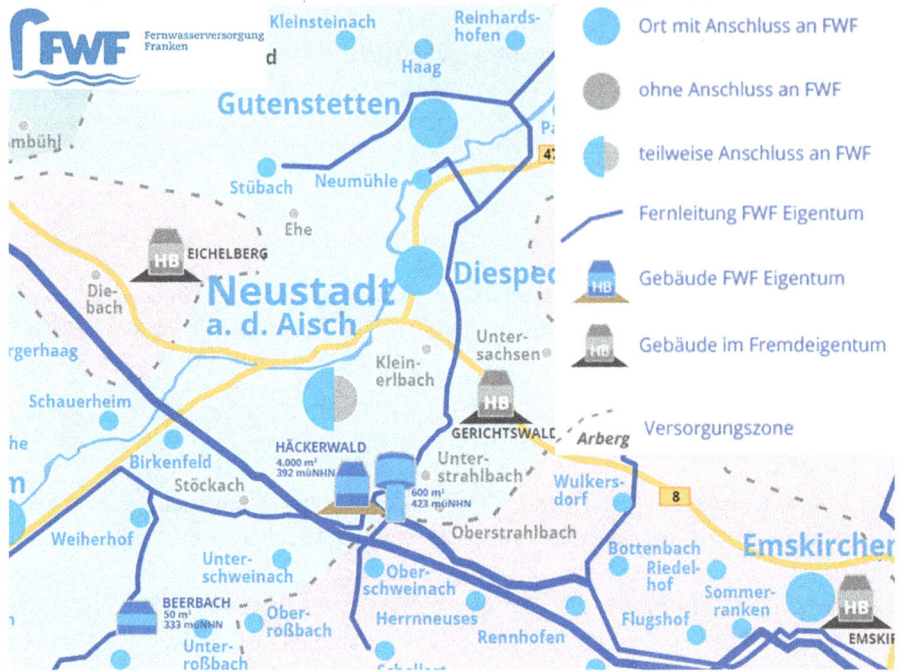

Abb. 3 Struktur der Trinkwassernetze am Beispiel der Fernwasserversorgung Franken. (Fernwasserversorgung Franken 2024)

waren Wärmenetze in der Vergangenheit wenig reguliert. Auch auf Druck der Europäischen Union werden in jüngerer Vergangenheit der regulatorische Rahmen spürbarer aufgespannt.[8]

IV. Lage der kommunalen Finanzen

Die Gemeinden und Gemeindeverbände einschließlich ihrer Beteiligungen waren zum Jahresende 2022 mit ca. 314 Mrd. € verschuldet, was einen Anstieg von 4,3 % zum Jahresbeginn darstellt.[9]

Die Gemeinden und Gemeindeverbände im Saarland weisen mit einer Pro-Kopf-Verschuldung von 6083 € die höchste relative Schuldenlast auf, und zwar obwohl im Rahmen des Saarlandpakts Kassenkredite der saarländischen Kommunen in Höhe von 728,1 Mio. € durch das Land übernommen worden waren. Der höchste kommunale Schuldenaufbau im Jahr 2022 fand in Hessen und Niedersachsen mit 5,7 % und 8,3 % statt.[10]

---

[8] BAFA (2022), Umweltbundesamt (2022), BDEW (2024).
[9] Statistisches Bundesamt (2024).
[10] Statistisches Bundesamt (2024).

IV. Lage der kommunalen Finanzen

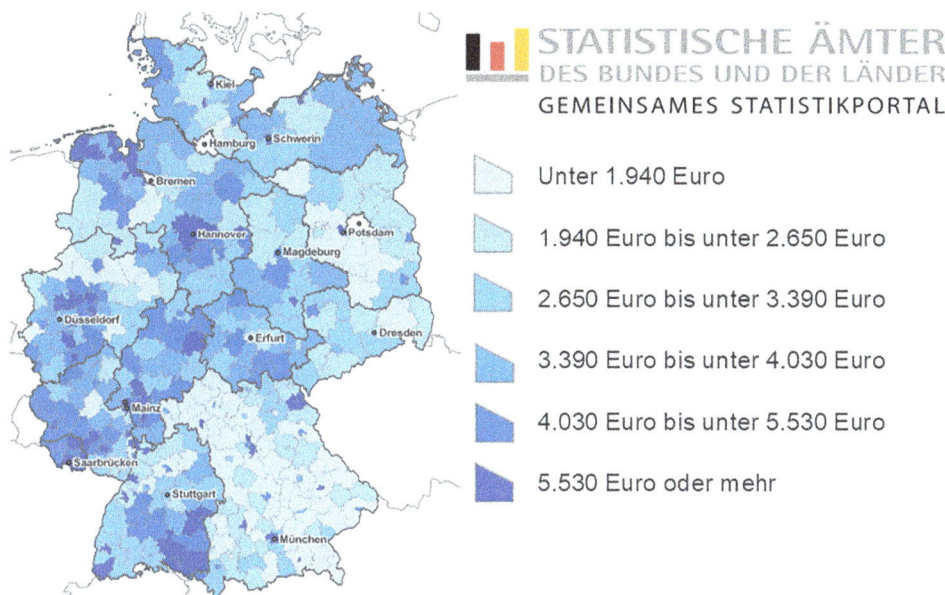

Abb. 4 Visualisierung der integrierten kommunalen Schulden 2022. (Statistisches Bundesamt 2024)

Die regionale Verteilung der kommunalen Schuldenquote pro Kopf ist in Abb. 4 dargestellt: Sowohl in Nordrhein-Westfalen als auch in Baden-Württemberg sind einzelne Kommunen sehr hoch verschuldet. Die regionale Heterogenität der kommunalen Finanzlagen wird auch von Dahlbeck (2024) hervorgehoben: Periphere Räume in Ostdeutschland sowie altindustrielle Städte in Westdeutschland können nur auf ein geringes Steueraufkommen zurückgreifen.

Cranshaw (2007) untersucht insolvenz- und finanzrechtliche Perspektiven der Insolvenz von juristischen Personen des öffentlichen Rechts mit Fokus auf Kommunen. Motivation und Ausgangspunkt hierfür ist die kommunale Verschuldungssituation, welche Cranshaw als „*vielfach dramatisch*"[11] bezeichnet.

Brand (2015) sieht einen Paradigmenwechsel in der Kommunalfinanzierung als Folge der Finanzkrise. Die Euro- und Staatsschuldenkrise habe deutlich gemacht, dass öffentliche Schuldner nicht per se eine Null-Risiko-Bonität verdienten, was für finanzschwache Kommunen zu Problemen führen könnte. Die Finanzprobleme kommunaler Wirtschaftsbetriebe sowie die Insolvenz der Stadtwerke Gera trügen nicht zur Beruhigung der Kreditgeber bei. Da öffentliche Kreditinstitute wie Sparkassen, Landes- und Förderbanken die wichtigsten Kreditgeber der Kommunen sind, wird die Frage nach der Unabhängigkeit dieser Kreditinstitute aufgeworfen. Brand spricht von einer hohen Brisanz des Themas der kommunalen Kreditfinanzierung und Verschuldung, und geht davon aus, dass die Kreditaufnahme für Kommunen künftig aufwendiger und schwieriger sein wird.

---

[11] Cranshaw (2007), Ziffer 2 Abs. 2.

Seuberlich (2017) untersucht die Finanzlage deutscher Kommunen, welche insbesondere nach dem Höhepunkt der Finanzkrise 2008/2009 breit diskutiert wurde, sich seitdem aber zunehmend entspannt habe. Gleichzeit befänden sich die Haushalte der Kommunen nach einer schleichenden und regional unterschiedlich verlaufenden Dynamik in einer sehr schlechten Situation. Auch in gesamtwirtschaftlich starken Jahren mit hoher Erwerbstätigkeit und hohem Steueraufkommen fielen die kommunalen Haushaltsbilanzen durchwachsen aus. Die Verschuldung von Ländern und Kommunen sei von 1991 bis 2014 stark angestiegen (Zunahme bei den Ländern: Faktor 34; Zunahme bei den Kommunen: Faktor 1,94), wobei die Entwicklung nicht einheitlich erfolgt sei und finanzstarke neben -schwachen Kommunen existierten. Seuberlich (2017) weist auf die zunehmende Disparität der Finanzlagen aus Sicht der interkommunalen Solidarität beim kommunalen Finanzausgleich hin. Darüber hinaus sieht er kommunale Handlungsspielräume als zum Teil stark eingeengt an.

Neben den ausgewiesenen Schulden sieht Dullien (2024) einen kommunalen Investitionsrückstand von 177,2 Mrd. €. Hierbei fällt der größte Teil auf Schulen und kommunale Straßen. Schlagzeilen wie „*Kommunen in Niedersachen ächzen unter Milliarden-Schulden*"[12] und „*Schulden der Gemeinden in BW steigen um fast 15 %*"[13] runden das triste Bild ab. Hierzu muss erwähnt werden, dass die finanziellen Auswirkungen der 2023 begonnenen wirtschaftlichen Rezession bisher (Ende 2024) nur teilweise die Kommunen erreicht haben.

In Summe bleibt festzuhalten, dass einige Kommunen in Deutschland finanziell nicht in der Lage wären, größere Verluste ihres kommunalen Energieversorgungsunternehmens auszugleichen. In diesem Fall stellt sich im Bedarfsfall die Frage nach anderweitigen Restrukturierungs- und Sanierungsmaßnahmen.

V. Finanzierungssituation von Energieversorgungsunternehmen

Buchmann (2009) beschreibt eine für kommunale Energieversorger sich verschlechternde Gesamtsituation, welche sich im Wesentlichen aus gestiegenem Wettbewerbsdruck, Bürokratisierung und Herausforderung im Management der eigenen Betriebskosten zusammensetzt. Er erwähnt die (knappe) Abwendung der Zahlungsunfähigkeit der Stadtwerke Cottbus „*mit erheblichem finanzielle[m] Aufwand*"[14] und sieht die Lage insbesondere dort prekär, „*wo Kommunen als Gesellschafter aufgrund ihrer angespannten Haushaltslage nicht in der Lage sind, unterstützend einzugreifen*".[15]

---

[12] NDR (2023).
[13] SWR (2024).
[14] Buchmann (2009), S. 15.
[15] Buchmann (2009), S. 15.

Roland Berger spricht 2020, während der Corona-Pandemie, von einer verzögerten Krise bei Energieversorgern.[16] Aufgrund sinkender bzw. nicht mehr vorhandener Zinsen setze sich für Energieversorger der Trend sinkender Renditen fort, mit dramatischen Folgen: Energieversorger würden zunehmend Probleme bei der Refinanzierung künftiger Investitionen bekommen.

Vier Archetypen deutscher Energieversorger werden vorgestellt:[17]

1) *„Gemeinsame Gestalter"*, bei denen Stadtwerk und Anteilseigner finanziell gut aufgestellt sind,
2) *„Versorger auf sich gestellt"*, da der Anteilseigner hoch verschuldet ist,
3) *„Kommunen mit Spielraum zur Neuausrichtung"*, wobei der Energieversorger finanziell schwächer ist als sein Anteilseigner, und
4) *„Versorger und Kommunen unter Druck"*; in dieser Konstellation seien Restrukturierungen im Stadtwerk und der Kommune notwendig.

Die Unternehmens- und Wirtschaftsprüfungsgesellschaft pwc sieht 2018 eine deutliche Entspannung der Finanzierungsverhältnissen kommunaler Versorger und Konzerne.[18] Für diese Einschätzung wurden die finanziellen Kennzahlen von 300 mehrheitlich kommunalen Energieversorgern im Zeitraum 2009 bis 2017 untersucht. Hierbei wird ein seit 2015 insgesamt gestiegenes Ergebnisniveau beobachtet. Darüber hinaus sind die Finanzschulden rückläufig und die Eigenkapitalquote ansteigend. Gleichzeitig bleibe trotz dieser Verbesserungen die Finanzlage der kommunalen Konzerne weiterhin schwach.

2023 stellt pwc in einer Aktualisierung dieser Untersuchung[19] fest, dass sich die finanzielle Situation kommunaler Unternehmen in den Jahren 2019, 2020 und 2021 wieder eingetrübt hat: Die EBITDA-Marge ist rückläufig (auf 12,6 % im Jahr 2021), die bilanzielle Eigenkapitalquote sank von 35,7 % (2019) auf 33,1 % (2021) und die Finanzschulden stiegen an. Die Studie hält fest, dass die Finanzlage kommunaler Konzerne weiterhin belastet ist und sieht die Energieversorgungsunternehmen an einem finanziellen Scheideweg, da die Heterogenität der Finanzzahlen innerhalb der betrachteten Gruppe zugenommen habe.

Die Unternehmens- und Wirtschaftsprüfungsgesellschaft KPMG sieht 2016 *„Stadtwerke auf dem Weg in die Krise"*,[20] insbesondere in Bezug auf Profitabilität und Verschuldung. Die Insolvenzen der Stadtwerke Gera und Wanzleben werden als Beispiele genannt. Die Analyse stützt sich auf 429 operative Energieversorgungsunternehmen, die gemessen am Umsatz *„nahezu für die Gesamtheit"*[21] der kommunalen Energieversorgung stehen.

---

[16] Roland Berger (2020).
[17] Roland Berger (2020).
[18] pwc (2018).
[19] pwc (2023).
[20] KPMG (2016).
[21] KPMG (2016), S. 1.

Fast 40 % dieser Unternehmen leiden unter einer finanziell stark angespannten Situation: So sei beispielsweise der Verschuldungsgrad von 2009 bis 2013 um 64 % bei Tochterunternehmen kommunaler Holdings angestiegen. Gleichzeitig sei die EBITDA-Marge unter 11 % gesunken. KPMG (2016) spricht von einer moderaten Verschlechterung der Profitabilität im Teilsektor der kommunalen Energieversorgungs-unternehmen bei gleichzeitig erheblichem Schuldenaufbau.

Die Wirtschaftswoche stellt 2018 unter Bezugnahme auf eine nicht mehr öffentlich verfügbare Studie von KPMG ebenfalls den hohen Verschuldungsgrad vieler Stadtwerke fest.[22] Von 91 untersuchten kommunalen Stadtwerke seien 44 % hoch verschuldet. *„Kritisch werde es, wenn Stadtwerke und Kommunen zugleich schlecht da stünden [sic]. Dann könne die öffentliche Hand im Krisenfall nicht die Betriebe auffangen, es drohe die Insolvenz"*, zitiert die Wirtschaftswoche die KPMG-Studie.

2022 sieht KPMG weitreichende Folgen des Ukraine-Kriegs für den Energiesektor.[23] Stadtwerke seien mit erheblichen Herausforderungen, insbesondere hinsichtlich Liquidität und Bonität, konfrontiert: Liquiditätsherausforderungen resultieren aus den gestiegenen Gas- und Strompreisen sowie kundenseitige Zahlungsausfälle. Gleichzeitig erfordern Energie- und Mobilitätswende sowie weitere Infrastrukturprojekte hohe Investitionen. Gestörte Lieferketten verursachen ebenfalls Preisanstiege. In Summe wirken sich diese Auswirkungen negativ auf die Finanzierungsmöglichkeiten der Stadtwerke aus. In dieser Gemengelage geraten für Stadtwerke die *„Bonitätseinschätzungen (…) unter Druck"*.[24] Als Gegenmaßnahmen werden unter anderem die Neuverhandlung von Finanzierungsverträgen, die Beendigung unwirtschaftlicher Vertrags-beziehungen, eine Verbreiterung der Finanzierungspartner durch alternative Kreditgeber sowie die Sicherung der Liquidität angeführt.

Die Zeitung für kommunale Wirtschaft (ZfK) stellt 2022 eine Studie vor, nach der sich die wichtigsten Bonitätskennziffern der 50 größten Kommunalversorger seit 2017 verschlechtert haben.[25] Grund hierfür seien sinkende operative Margen, aber auch die Folgen der Pandemie sowie eine strengere Umweltregulierung.

EY blickt in Zusammenarbeit mit dem Bundesverband der Energie- und Wasserwirtschaft (BDEW) 2023 im Rahmen der Stadtwerkestudie 2023 unter dem Titel *„Mit neuen Strategien aus der Krise"* auf das Jahr 2022 zurück.[26] 2022 sei für viele Unternehmen der Branche mit noch nie dagewesenen Herausforderungen verbunden gewesen. Die Studie spricht von *„erheblichen Liquiditäts- und Margenbelastungen"*.[27] Neben den Preissteigerungen des Jahres 2022 stellen auch die notwendigen Investitionssummen Herausforderungen dar: Häufig sind die Renditen der Investitionen in neue Geschäftsfelder niedriger als in den angestammten, schrumpfenden Bereichen und zudem nicht vollständig aus

---

[22] Wirtschaftswoche (2018).
[23] KPMG (2022).
[24] KPMG (2022), S. 2.
[25] ZfK (2022a).
[26] EY und BDEW (2023).
[27] EY und BDEW (2023), S. 10.

Fremdkapital zu decken – „*zur Sicherung ihrer Liquidität brauchten Stadtwerke teilweise die Unterstützung ihrer Gesellschafter*".[28]

Das Magazin Spiegel berichtet 2022 über Planungen des Landes Nordrhein-Westfalens, einen Rettungsschirm für Stadtwerke aufzuspannen.[29] Dieser sei notwendig, da viele Stadtwerke „*die Pleite*"[30] drohe. Der Rettungsschirm habe ein Volumen von 5 Mrd. € und soll in Form von Liquiditätskrediten entsprechende Engpässe bei Stadtwerken abdecken.

Ebenfalls 2022 frägt die Kanzlei Rödl & Partner: „*Stadtwerke in der Krise: Was ist zu tun?*"[31] und schlägt als Maßnahmen die Sicherung von Kreditlinien und die Reduktion von Kosten vor. Gleichzeitig sollten strategische Zielsetzungen wie der Aufbau neuer Geschäftsfelder nicht aus den Augen verloren werden.

Zusammenfassend müssen Träger kritischer Energieinfrastrukturen im Rahmen der Energie-, Wärme- und Verkehrswende erhebliche Investitionssummen stemmen. Die Fähigkeit hierzu ist nicht bei jedem Unternehmen uneingeschränkt gegeben. Daher kann die Finanzierungs-situation dieser Unternehmen in Teilen als kritisch angenommen werden.

VI. Definition ‚(Unternehmens)Krise'

Gemäß Schumpeter (2016) sind Krisen wesentlicher Bestandteil des kapitalistischen Prozesses und wahrscheinlich nicht nur einzelfallartige Zusammenbrüche, welche nur dann auftreten, wenn ausreichend viele, individuelle Fehler begangen wurden. Dennoch wird im deutschen Sprachraum der Begriff Krise häufig negativ konnotiert verwendet, obwohl Krisen auch Chancen darstellen.

Rechtlich war bis 2008 in § 32a GmbHG der Begriff „*Krise*" als Zeitpunkt definiert, in dem der Gesellschaft die Gesellschafter als ordentliche Kaufleute Kapital zugeführt hätten. Der BGH sieht eine Gesellschaft in der Krise, wenn Überschuldung oder Zahlungsunfähigkeit vorliegt oder wenn benötigte Kredite nicht mehr am Drittmarkt zu üblichen Konditionen beschafft werden können.[32] Schließlich bestimmt § 15a Abs. 1 S. 1 InsO die Insolvenzantragspflicht bei Zahlungsunfähigkeit oder Überschuldung. § 18 Abs. 1 InsO legt darüber hinaus die drohende Zahlungsunfähigkeit als möglichen Eröffnungsgrund für ein Insolvenzverfahren fest.

Faulhaber (2009) beschreibt im Unternehmenskontext verschiedene Symptome einer Krise. Diese Symptome können eine Verschlechterung der Beschaffungskonditionen gegenüber Lieferanten beinhalten, Linienüberschreitungen und damit zusätzliche Informationsbedarfe der Kredit-institute, sinkende Zahlungsmoral der Kundschaft und

---

[28] EY und BDEW (2023), S. 43.
[29] Spiegel (2022).
[30] Spiegel (2022).
[31] Rödl & Partner (2022).
[32] U. a. BGH, Beschluss vom 10.7.2018 – 1 StR 605/16; BGH, Urteil vom 7. 3. 2005 – II ZR 138/03 (OLG Celle); BGH, Beschluss vom 2.8.1990 – 1 StR 373/90 (LG München).

Preisprobleme. Weitere Symptome sind eine erhöhte Fluktuation der Mitarbeiter sowie eine Überlastung der Geschäftsführung. In der Krise selbst nehme das Liquiditätsmanagement eine für den Fortbestand des Unternehmens entscheidende Rolle ein, so Faulhaber (2009).

Das Institut der Wirtschaftsprüfer (IDW) veröffentlichte 2023 den IDW-Standard S 6, welcher eine Definition von Krisenstadien enthält.[33] Hiernach beginnen Krisen mit einer Strategiekrise und gehen über in eine Produkt- und Absatzkrise. An diese schließt sich die Erfolgskrise an, welche zu einer Liquiditätskrise führt. Es folgt die Insolvenzreife des Unternehmens. Hieran kann sich eine wie auch immer ausgestaltete Rettung oder Sanierung anschließen, oder die Liquidation.

Bezüglich der Fragestellung dieser Arbeit liegt eine Krise vor, wenn energierechtlich vorgeschriebene Geschäftstätigkeiten vom zuständigen Energieversorgungsunternehmen nicht mehr sicher, rechtzeitig oder in ausreichendem Umfang durchgeführt werden können. Neben Liquiditätsengpässen kann der Geschäftsbetrieb auch durch andere Faktoren gestört werden, beispielsweise durch die Kündigung von Kern-mitarbeitern.

VII. Sanierungsmöglichkeiten

Vorinsolvenzlich jederzeit möglich sind freie Sanierungsvergleiche mit einzelnen Gläubigern (zum Beispiel in Form von Zahlungsstundungen), Sanierungstreuhand oder ein Vergleich mittels Sanierungsmoderation. Die Sanierungsmoderation kann zu einem Sanierungsvergleich in allseitiger Zustimmung führen.[34]

Bei drohender Zahlungsunfähigkeit ist eine Sanierung im präventiven Restrukturierungsrahmen nach den Regelungen §§ 2–93 StaRUG möglich, beispielsweise über einen Vergleich mittels Sanierungs-moderation (§§ 94–100 StaRUG) oder über einen Restrukturierungsplan (§§ 2–28 StaRUG).[35] StaRUG ermöglicht eine Restrukturierung in einem in der Regel nicht öffentlichen Rahmen sowie eine Begrenzung auf bestimmte Gläubigergruppen. Herzstück des Verfahrens ist der Restrukturierungsplan gemäß §§ 2 ff. StaRUG. Diesem müssen, anders als im gerichtlichen Insolvenzplanverfahren, nicht alle Gläubiger zustimmen.[36]

Im Falle der Zahlungsunfähigkeit oder Überschuldung ist zwingend das Insolvenzverfahren anzumelden, entweder im Rahmen der Regelinsolvenz, im Insolvenzplanverfahren (§ 217 ff InsO), im Schutzschirmverfahren (§ 270d InsO) oder in Eigenverwaltung (§ 270b InsO). Bei drohender Zahlungsunfähigkeit ist dieser Weg ebenfalls eröffnet (§ 18 Abs. 1 InsO).

---

[33] IDW (2023).
[34] Hänel (2024), Rn. 10.
[35] Flöther (2019).
[36] Mulert (2021).

Jenseits dieses in der Tendenz juristischen Rahmens sind weitere strategische Handlungsoptionen in der Unternehmenskrise die Änderung der Eigentümerstruktur, beispielsweise durch einen (Teil)Verkauf, die Überführung von Fremd- in Eigenkapital (Debt-Equity-Swap) oder eine sogenannte übertragene Sanierung. Operativ ist insbesondere das Liquiditätsmanagement zur Krisenbewältigung entscheidend.

Diese Optionen stehen allen privatrechtlich organisierten Unternehmen offen, auch jenen der kritischen Energieinfrastruktur. Für sich in Schieflage befindlichen Träger kritischer Energieinfrastrukturen existieren soweit eruierbar keine gesonderten Instrumente oder dauerhaft eingerichtete Rettungsfonds. Gleichsam könnten Regulierungsbehörden wie die Bundesnetzagentur unter bestimmten Voraussetzungen durch angepasste Zahlungsströme Teil eines Sanierungskonzeptes sein. Daneben kann die Wahrscheinlichkeit einer staatlichen Kapitalbereitstellung für Unternehmen in diesem Sektor als verhältnismäßig hoch angenommen werden.

C. Energierechtliche Prinzipien und deren Auswirkungen in Insolvenzverfahren

I. Grundlagen des Energierechts

Das Energierecht im Wesentlichen prägende Gesetze sind das

1) Gesetz über die Elektrizitäts- und Gasversorgung (Energiewirtschaftsgesetz – EnWG) und das
2) Gesetz für den Ausbau erneuerbarer Energien (Erneuerbare-Energien-Gesetz: EEG).

Das EnWG umfasst grundlegende Regelungen zur leitungsgebundenen Energieversorgung. Zentrale Zielsetzung ist eine *„möglichst sichere, preisgünstige, verbraucherfreundliche, effiziente und umweltverträgliche leitungsgebundene Versorgung der Allgemeinheit mit Elektrizität und Gas"*.[1]

Das EEG spannt den gesetzlichen Rahmen für den Ausbau der erneuerbaren Energien auf. Zielsetzung ist *„insbesondere im Interesse des Klima- und Umweltschutzes die Transformation zu einer nachhaltigen und treibhausgasneutralen Stromversorgung, die vollständig auf erneuerbaren Energien beruht"*.[2] Besonders hervorzuheben ist die rechtliche Stellung der Erneuerbaren Energien: *„Die Errichtung und der Betrieb von Anlagen sowie den dazugehörigen Nebenanlagen liegen im überragenden öffentlichen Interesse und dienen der öffentlichen Gesundheit und Sicherheit"*.[3]

---

[1] § 1 Abs. 1 EnWG.
[2] § 1 Abs. 1 EEG.
[3] § 2 S. 1 EEG.

Hinzu kommen zahlreiche Verordnungen wie beispielsweise die Konzessionsabgabenverordnung oder die Stromnetzentgeltverordnung. Daneben existieren spezielle Gesetze wie das Messstellenbetriebsgesetz oder das Kraft-Wärme-Kopplungsgesetz. Ferner sind diverse Richtlinien relevant, zum Beispiel die Elektrizitätsbinnenmarktrichtlinie, die Energiesteuerrichtlinie oder umweltschutzrechtliche Vorgaben wie die Fauna-Flora-Habitat- oder die Vogelschutzrichtlinie.

Das Energierecht ist in Summe als komplex zu bezeichnen. Insbesondere die Vielschichtigkeit relevanter Regelungen auf europäischer, nationaler, aber auch länderspezifischer (Beispiele: Landesbauordnungen, Umweltschutz) und kommunaler (Beispiele: Planungsrecht, Konzessionen) Ebene sowie eine hohe, von handwerklichen Fehlern nicht völlig freie Änderungsfrequenz tragen zu dieser Komplexität bei. Das Bundes-ministerium für Wirtschaft und Klimaschutz hat die Rechtlage in einer ‚*Gesetzeskarte für das Energieversorgungssystem*'[4] dargestellt, welche die Vielzahl der gesetzlichen Regelungen visuell verdeutlicht.

Im Folgenden wird auf ausgewählte, als besonders problematisch in insolvenznahen Situationen wahrgenommene Sachverhalte eingegangen. Die Sachverhalte folgen dem vorgestellten Vier-Säulen-Modell (siehe Abb. 1) und werden durch die Diskussion von Praxis-beispielen veranschaulicht. Viele der hier beleuchteten Fragestellungen wurden bisher nicht in der Literatur erörtert.

II. Erste Säule: Insolvenzrelevante Fragestellungen in Kraftwerksbetrieb und Handel

1. Betreiber von Reservekraftwerken

a) Grundlegendes

Soweit bekannt, wurden Auswirkungen einer Insolvenz eines Reservekraftwerksbetreibers bisher nicht in der Literatur diskutiert. Diese Beobachtung überrascht insbesondere dadurch, dass die Beinahe-Insolvenz der Enervie-Gruppe im Jahr 2014/2015 (siehe nächster Abschnitt) in der Eigendarstellung des Energieversorgers im Wesentlichen durch eine netztechnische „*Insellage*" verursacht wurde, welche die Abschaltung unrentabler Kraftwerke zeitweise verhinderte.[5]

§ 13e Abs. 1 EnWG verpflichtet die Betreiber von Übertragungsnetzen, Reserveleistung vorzuhalten. Im Stromnetz müssen Erzeugung und Verbrauch zu jeder Zeit im Gleichgewicht stehen. In Fällen von zu geringer Stromproduktion müssen Reservekraftwerke aktiviert werden können, um die Sicherheit des Stromnetzes zu gewährleisten. Gelingt dies nicht, müssen Verbraucher vom Netz genommen werden.

---

[4] BMWK (2024).
[5] Enervie (2015b).

II. Erste Säule: Insolvenzrelevante Fragestellungen in Kraftwerksbetrieb und Handel

Die Kapazitätsreserveverordnung (KapResV) regelt die Details dieses Verfahrens. Die Dauer für die Teilnahme einer Anlage in der Reserve beträgt nach § 8 Abs. 1 Ziffer 2 in der Regel zwei Jahre. § 4 Abs. 2 S. 1 KapResV legt fest, dass der Betreiber eines Reservekraftwerks dessen geplante Stilllegung „*möglichst frühzeitig*"[6] seinem Übertragungsnetzbetreiber und der Bundesnetzagentur mitzuteilen hat. Gleiches gilt für den Rechtsnachfolger des Betreibers oder den Erwerber der Anlage.

Ein Insolvenzverwalter ist nicht Rechtsnachfolger eines insolventen Reservekraftwerksbetreibers und hat die Anlage auch nicht erworben. Dennoch ist davon auszugehen, dass diese Pflicht den Insolvenzverwalter in einem Analogieschluss trifft. Nach den Regelungen der KapResV kann er folglich den Betrieb eines defizitären Reservekraftwerke nicht unmittelbar beenden. Dadurch schmälert sich die Masse und das zentrale Ziel des Insolvenzrechtes, der Gläubigerschutz nach den Regelungen des § 1 S. 1 InsO, würde verletzt.

§ 22 Abs. 1 KapResV legt zudem fest, dass ein geschlossener Vertrag über Reservekraftwerksleistungen nur durch den Übertragungsnetzbetreiber oder bei Vorliegen der Voraussetzungen nach § 314 BGB gekündigt werden kann. Letzteres setzt eine Unzumutbarkeit unter Abwägung beiderseitigen Interessen voraus. Da an dieser Stelle die Sicherheit des Stromnetzes und damit der Schutz der öffentlichen Ordnung berührt wird, erscheint eine Kündigungsmöglichkeit allein durch Insolvenzantragseröffnung fraglich.

Dieser faktischen Unkündbarkeit steht das in § 103 InsO definierte Wahlrecht des Insolvenzverwalters gegenüber: Jener kann sich hiernach für oder gegen die Erfüllung der eingegangenen Pflichten entscheiden. Eine Einschränkung oder Ausschluss dieses Wahlrechts nach den Regelungen §§ 104 ff. InsO ist nicht gegeben. Damit widersprechen sich an dieser Stelle das Insolvenzrecht und das Energierecht.

Für den Insolvenzverwalter kann die Kündigung der Vertragsbeziehung sehr vorteilhaft sein: Neben den laufenden Kosten eines Kraftwerks-betriebs müssen Betreiber von Reservekraftwerken nach den Regelungen des § 10 KapResV substanzielle Sicherheiten hinterlegen. Durch eine Vertragsauflösung würden folglich erhebliche liquide Mittel der Insolvenzmasse zugeführt. Daneben birgt die Aufrechterhaltung solcher Verträge das Risiko erheblicher Vertragsstrafen, welche in § 34 KapResV spezifiziert sind. Bei Verstoß gegen grundlegende Pflichten kann zum Beispiel die Vertragsstrafe 100 % der für den gesamten Erbringungszeitraum zustehenden Vergütung betragen.[7] Alle diese Regelungen sind mit einem Schutz der Masse schwer in Einklang zu bringen.

Neben der hier beispielhaft diskutierten Kapazitätsreserve gibt es zudem Kraftwerke in der Netzreserve. Die Netzreserve, auch Winterreserve oder Kaltreserve genannt, besteht aus Kraftwerken, welche nicht betriebsbereit sind oder bereits zur Stilllegung angemeldet wurden. Diese Kraftwerke können bei Bedarf kurzfristig anfahren und sichern das Stromnetz bei starker Belastung. Für den Winter 2024/2025 wurde ein Bedarf an Netzreservekraftwerken von 6947 Megawatt berechnet. Dieser steigt 2026/2027 auf 9202 Megawatt. Die Netzreserve kann nicht mehr aus inländischen Kraftwerken gedeckt werden, sodass

---

[6] § 4 Abs. 3 KapResV.
[7] § 36 KapResV.

zusätzlich ausländische Kraftwerke eingebunden werden müssen.[8] Damit eröffnen sich Fragen des internationalen Insolvenzrechtes.

Näheres zur Netzreserve regelt die Netzreserveverordnung (NetzResV). Die insolvenzrechtlichen Überlegungen zur Kapazitätsreserve gelten analog. Gleiches gilt für die Betreiber von Anlagen, welche weitere Systemdienstleistungen wie Schwarzstartfähigkeiten zur Verfügung stellen. Auf diese Sachverhalte wird nicht näher eingegangen.

b) Praxisfall: Sondersituation der Enervie-Gruppe 2014/2015

Die ENERVIE – Südwestfalen Energie und Wasser AG ist ein nordrhein-westfälischer Versorger, der 2024 ca. 400.000 Kunden mit Strom, Gas, Wärme und Trinkwasser versorgt. Zur Enervie-Gruppe gehören zahlreiche Beteiligungen, darunter zu 100 % die Stadtwerke Lüdenscheid. Hinzu kommen weitere Minderheitsbeteiligungen an verschiedenen Stadtwerken sowie an Gesellschaften zur Energieerzeugung, Entsorgung und im Bereich Service/IT.[9] Mit mehr als 1000 Mitarbeitern und einem Umsatz von ca. 1,8 Mrd. € zählt die Gruppe zu den größten Energiedienstleistern der Region.[10] An der Enervie-Gruppe sind die Stadt Hagen mit 42,7 %, die Stadt Lüdenscheid mit 24,1 %, die REMONDIS Wasser und Energie GmbH mit 19,1 % sowie weitere Städte und Gemeinden mit Anteilen zwischen 0,2 % und 4,4 % beteiligt.[11]

2014 erwirtschaftete die Enervie-Gruppe einen Verlust von gut 165 Mio. €.[12] 2015 benötigte die Gruppe eine „*harte Patronatserklärung*"[13] ihrer Gesellschafter von 60 Mio. €, welche in Höhe von 30 Mio. € durch die Stadt Hagen, in Höhe von 16,8 Mio. € durch die Stadt Lüdenscheid und in Höhe von 13,2 Mio. € durch die Firma Remondis geleistet werden musste.[14] Andere Quellen sprechen von einem Gesellschafterdarlehen von 60 Mio. € sowie weiterer Refinanzierung.[15]

Als Ursachen der Krise werden massive Verluste im Geschäftsfeld Erzeugung genannt, wohingegen die Geschäftsfelder Vertrieb und Netze stabile Erträge lieferten. Berichtet werden von jährlichen Defiziten in der Stromerzeugung von rund 50 Mio. €. Die Enervie habe im September 2013 ihren gesamten Kraftwerkspark bei der Bundesnetzagentur zur Stilllegung angemeldet. Die beantragte Stilllegung wurde allerdings nicht genehmigt.[16] Diese Begründung erscheint nicht vollumfänglich die Schieflage erklären zu können.

---

[8] BNetzA (2024d).
[9] Enervie (2024a).
[10] Enervie (2024b).
[11] Enervie (2024c).
[12] Westfalenpost (2021).
[13] Enervie (2015a).
[14] Hesse (2015).
[15] Lembeck (2015).
[16] Enervie (2014).

Maßnahmen zur Krisenbewältigung umfassten ein Personalabbau von 1260 auf 815 Stellen, wodurch die Personalkosten von 107 Mio. € auf 65 Mio. € reduziert werden sollten.[17] Daneben wurde 2015 ein Chief Restructuring Officer benannt, der die unternehmensinterne Prozess-organisation verbessern und Beteiligungen abseits des Kerngeschäfts veräußern sollte.[18] In Summe ist von über 100 Einzelmaßnahmen mit einem Planhorizont bis 2019 die Rede. Darunter fallen die Neuaufstellung der Finanzierung, Optimierungen im Kostenmanagement, Outsourcing und ein Umbau des Erzeugungsportfolios weg von fossilen Kraftwerken.[19]

Die Krise konnte schneller als erwartet überwunden werden: Bereits 2018 konnte eine Dividende ausgezahlt werden.[20] Das Ergebnis vor Steuern betrug im Jahr 2023 67,9 Mio. € (2022: 53,3 Mio. €), die Mitarbeiterzahl hatte sich mit 1136 Menschen wieder dem Vorkrisenniveau angenähert.[21]

2. Strombörse und -händler

a) Grundlegendes

Der in deutschen Kraftwerken produzierte Strom wird zu großen Teilen über die European Energy Exchange (EEX) verkauft und dort von Stromlieferanten eingekauft. Die Strombörse ist entscheidend für das Funktionieren des Strommarktes.

Die EEX stellt sicher, dass kein Handels- oder Ausfallrisiko bei ihr verbleibt. Neben einer Präqualifizierung der Börsenteilnehmer sind sogenannte Margin Calls ein wesentliches Element des Risiko-managements. Margin Calls sind eingeforderte Sicherheiten zur Deckung eines möglichen Handelspartnerausfall: Verkauft ein Kraftwerk eine Strommenge, lieferbar in einem Jahr, zu einem Preis von 100 € an einen Stromlieferanten, so könnte in diesem Zeitraum der Verkäufer oder der Einkäufer insolvent werden (oder aus anderen Gründen den Vertrag nicht erfüllen können oder wollen). Für solche Eventualitäten hinterlegen bei Abschluss des Vertrags beide Parteien eine Sicherheit. Steigt nun der Preis von 100 auf 300 €, so muss der Verkäufer weitere 200 € an Sicherheiten hinterlegen. Würde der Verkäufer insolvent werden oder aus anderen Gründen als Lieferant dieser Strommenge ausfallen, könnte die Strombörse den Käufer mit diesen Sicherheiten schadlos stellen. Fällt der Preis auf 70 €, so muss analog der Einkäufer weitere 30 € hinterlegen. Dieses Risikomanagement soll sicherstellen, dass die Zahlungsunfähigkeit eines Stromhändlers nicht auf die Börse oder dessen Handelspartner durchschlagen kann. Unter extremen und unwahrscheinlichen Bedingungen könnte eine Kettenreaktion an Insolvenzen von Börsenteilnehmern diesen zeitlich etwas verzögert wirkenden Mechanismus dennoch überfordern.

---

[17] Hesse (2015).
[18] Westfalenpost (2015).
[19] ZfK (2018).
[20] ZfK (2018).
[21] Enervie (2024d).

Bisher musste weltweit keine regulierte Börse Insolvenz anmelden. Im unwahrscheinlichen Falle einer Schieflage der European Energy Exchange ist anzunehmen, dass deren Eigentümer (nach Stimmrechten: 62,82 % Deutsche Börse AG, 8,04 % 50 Hertz Transmission GmbH, 7,38 % LVV Leipziger Versorgungs- und Verkehrsgesellschaft mbH, 3,88 % EnBW Energie Baden-Württemberg AG, 6,14 % Uniper Global Commoditites SE sowie weitere Aktionäre aus der Energiewirtschaft)[22] ein hohes Interesse und die wirtschaftliche Stärke zur Abwendung ihrer Insolvenz vorweisen. Das Funktionieren der EEX ist systemrelevant für die Energiemärkte. Damit wäre eine staatliche Rettung ebenfalls denkbar.

Unabhängig von dem Schutz der Börse und der Handelspartner durch Margin Calls können diese für Marktakteure erhebliche Liquiditäts-abflüsse bedeuten. So warnte die Branche im von stark volatilen Energiepreisen geprägten Jahr 2022 vor einer beispielloser Liquiditäts-krise, sahen eine „*Art Lehman Brothers-Szenario*"[23] und einige europäische Energiekonzerne am Rand der Insolvenz. Wie weiter unten ausgeführt resultierten einige der betrachteten Insolvenzen, z. B. die der bmp greengas, zumindest in Teilen aus diesem Sachverhalt.

b) Praxisfall: Insolvenz der Stadtwerke Bad Belzig im Dezember 2021

Bad Belzig ist eine Kurstadt in Brandenburg, ca. 60 km südwestlich von Potsdam gelegen, mit 11.423 Einwohnern.[24] Anfang 2024 betrug die Arbeitslosenquote 7,0 % und damit über dem Durchschnitt des Landes Brandenburg.[25] Bad Belzig war 2014 unter den amtsfreien Städten und Gemeinden Brandenburgs diejenige mit der höchsten Pro-Kopf-Verschuldung. Konkret betrugen die Schulden je Einwohner 7070 €.[26] Die Schulden der Stadt Bad Belzig beliefen sich 2022 auf ca. 8,7 Mio. € mit rückläufiger Tendenz, allerdings sei die Haushaltslage unverändert angespannt.[27]

Die Stadtwerke Bad Belzig beschäftigten im Jahr 2021 durchschnittlich 24 Arbeitnehmer (Vorjahr: 26). Geschäftsaktivitäten umfassten den Strom- und Gasvertrieb sowie die Wasser- und Wärmeversorgung und Abwasserentsorgung. Die Stadtwerke wiesen 2021 eine Bilanzsumme von 40,8 Mio. € auf (Vorjahr: 15,8 Mio. €). Hiervon waren 24,1 Mio. € ein nicht durch Eigenkapital gedeckter Fehlbetrag, welcher sich aus einem Jahresfehlbetrag von − 32,1 Mio. € speiste (Vorjahr: + 0,6 Mio. €). Folglich betrug der Fehlbetrag pro Mitarbeiter ca. 1,4 Mio. €.[28]

Dieser hohe Fehlbetrag resultierte aus hochspekulativen, mit der eigentlichen Versorgung der Stromkunden in keinem Zusammenhang stehenden Termingeschäften am Strommarkt, welche Liquiditätsengpässe der den Stadtwerken Bad Belzig nach sich

---

[22] EEX (2024).

[23] Simon (2022).

[24] Stadt Bad Belzig (2024).

[25] Gaffron (2024).

[26] Haushaltssteuerung.de (2014).

[27] Haushaltsplan Bad Belzig (2022).

[28] Bundesanzeiger Stadtwerke Bad Belzig (2023).

zogen. Der Stadtrat in seiner Funktion als Eigentümervertreter zog zunächst Stabilisierungs- und Restrukturierungsmaßnahmen nach dem StaRUG in Betracht. Eine solche Sanierung gelang nicht. Daher wurde am 30.12.2021 vom zuständigen Amtsgericht das vorläufige Insolvenzverfahren in Eigenverwaltung bestätigt.

Das stark defizitäre Stromgeschäft wurde zum Jahreswechsel 2021/2022 eingestellt. Den bisherigen Kunden der Stadtwerke Bad Belzig wurde bei einem benachbarten Stadtwerk ein eigener Tarif als Wechselmöglichkeit angeboten.[29] Die Insolvenz zog mehrere Ermittlungsverfahren nach sich.[30] 2023 wurde der ehemalige Geschäftsführer zu einer Zahlung von 3,5 Mio. € verurteilt.[31]

Die Sanierung der Stadtwerke beinhaltete die Übernahme eines 49 %-Anteils durch den Recyclingkonzern Remondis.[32] Ziel des am 22.12.2022 vom zuständigen Amtsgericht bestätigten Insolvenzplans ist die langfristige Aufrechterhaltung der Versorgung der Kunden mit Strom und Gas sowie die Wasserversorgung und Abwasser-Entsorgung.[33] Hr. Christian Körnert, ein Rechtsanwalt der Kanzlei des Insolvenzverwalters, sprach mit Blick auf die Insolvenz und Sanierung der Stadtwerke Bad Belzig von einer *„Blaupause für ähnliche Fälle"*.[34]

Christmann (2024) betrachtet Notwendigkeiten eines Unternehmensstrafrechts auch für Kommunalunternehmen und führt als Beispiel den Fall der Stadtwerke Bad Belzig an. Der dortige Geschäftsführer habe durch hochspekulative Termingeschäfte einen Millionenschaden verursacht und so die Insolvenz dieses Stadtwerks herbeigeführt, ohne strafrechtlich belangt zu werden. Christmann (2024) sieht kommunale Unternehmen in einem besonderen Spannungsfeld, welches durch einseitige Informationsverteilung und dem Dipol Gemeinwohlorientierung bei gleichzeitiger ökonomischer Anreizsetzung handelnder Manager geprägt ist. Christmann (2024) fordert gesetzgeberische Schritte hin zu einem Unternehmensstrafrecht auch für Kommunalunternehmen.

Der derzeitige Geschäftsführer der Stadtwerke Bad Belzig, Hr. Tanneberg, war dankenswerterweise zu einem Gespräch bereit. Dieses fand am 19.07.2024 per Videokonferenz statt.

Hr. Tanneberg erläuterte im Gespräch die betrachteten Möglichkeiten: Das StaRUG-Verfahren sei auch aufgrund der Vielzahl der Problemfelder, welche nicht nur die Passivseite der Bilanz berührten, kein gangbarer Weg gewesen. Alternativen, wie zum Beispiel die Eingliederung einzelner Geschäftsbereiche in benachbarte Zweckverbände, seien ebenfalls geprüft und verworfen worden. Das eingeleitete Insolvenzverfahren habe, insbesondere durch die Möglichkeiten der einseitigen Vertragsanpassungen, im Zusammenspiel mit einem Massekredit notwendige Handlungsspielräume eröffnet.

---

[29] Schilling (2022).
[30] Rnd (2022).
[31] Energie & Management (2023d).
[32] Energie & Management (2023b).
[33] BBL (2022).
[34] Schilling (2023).

Die Insolvenz der Stadtwerke habe Folgen in den Stakeholder-Beziehungen gehabt: Auch drei Jahre nach der Insolvenzanmeldung seien einzelne Kreditinstitute bei der Neukreditvergabe reserviert. Die Insolvenz verschlechterte zudem die Reputation bei Kunden. Allerdings konnten Lieferantenbeziehungen durch gute Kommunikation gehalten werden, und bis auf eine Person blieben alle Mitarbeiter bei den Stadtwerken. Hierdurch sei die Handlungsfähigkeit des Stadtwerks sichergestellt gewesen.

Der Weggang von Experten in einer Sondersituation sei ein zentrales Risiko für die Sanierungsfähigkeit. Hr. Tanneberg sprach die Empfehlung aus, frühzeitig Kontakt zu möglichen Partnern aufzunehmen, auch um jenseits von Sondersituationen mit der steigenden Komplexität in der kritischen Energieinfrastruktur Schritt zu halten. Ferner müsse das Risikomanagement vertriebliche Ambitionen wirksam überwachen können. Darüber hinaus betonte er die Wichtigkeit einer frühen Einbindung externer Spezialisten sowie die Relevanz einer guten Kommunikation.

c) Praxisfall: Insolvenz der bmp greengas im August 2023

bmp greengas bezeichnet sich als einer der *„führenden Vermarkter für Biomethan in Europa"*.[35] Das Kerngeschäft umfasst die Vermarktung/den Handel von Biomethan auf den Gas-, Wärme- und Verkehrsmärkten.

Im Mai 2023 beantragte bmp greengas ein Schutzschirmverfahren gemäß §§ 270, 270d InsO. Als Gründe wurden die Folgen des Ukraine-Krieges auf die Einkaufsbedingungen der Firma angegeben. Diese hätten die Einhaltung geschlossener Lieferverträge mit den Kunden der bmp greengas, unter anderem Stadtwerke, unmöglich gemacht.[36]

Das Insolvenzverfahren wurde am 14.03.2024 nach der Zustimmung der Gläubigermehrheit zum Insolvenzplan aufgehoben.[37] Der Insolvenzplan sah ein verbindliches Angebot der EnBW AG zu dessen Finanzierung vor und beinhaltete die organisatorische Aufhängung der Aktivitäten in einer anderen EnBW-Gesellschaft.

Die Insolvenz der bmp greengas verdient aus mehreren Gründen eine besondere Erwähnung:

Die Firma war zum Insolvenzzeitpunkt Teil des EnBW-Konzerns und bis unmittelbar vor der Insolvenzanmeldung Teil des Cash-Poolings der EnBW AG. Cash-Pooling bedeutet, dass innerhalb eines Konzerns alle Konzerntöchter und -enkel auf die gesamte Liquidität zugreifen können. Die Entscheidung des EnBW-Konzerns, eine Gesellschaft aus dem Cash-Pooling und zum Schaden der Geschäftspartner in die Insolvenz zu geben, hat Vertrauen zerstört.[38] Diese Entscheidung war zudem für Geschäftspartner schmerzhaft: So mussten die von einseitigen Vertragskündigungen betroffenen Stadtwerke unter teils erheblich schlechteren Bedingungen ihre Gasmengen beschaffen. Beispielhaft seien die

---

[35] Bmp (2024a).
[36] Spiegel (2023).
[37] Bmp (2024b).
[38] ZfK (2024a).

Gemeindewerke Garmisch-Partenkirchen genannt, welche knapp 70 Mio. € Forderungen geltend machten.[39] Die kumulierten Forderungen weiterer Stadtwerke lagen zwischen 50 und 150 Mio. €.[40]

Ferner werden negative Auswirkungen der Insolvenz eines der größten Biomethan-Händlers auf diesen noch jungen Markt erwartet. Diese Auswirkungen beinhalten einen allgemeinen Vertrauensverlust und das Drohpotenzial einer analogen Insolvenzeröffnung in künftigen Vertragsverhandlungen. Der Biomethan-Markt ist durch in der Tendenz kleinere Endkunden wie die Betreiber einzelner Blockheizkraftwerke respektive Wärmenetze geprägt. Diese haben möglicherweise keinen Zugang zu adäquaten Absicherungsinstrumenten. Den Kunden stehen auf der anderen Seite hochprofessionalisierte Großhändler gegenüber. Durch das verlorene Vertrauen und diese Asymmetrie könnten die Verwerfungen sehr langfristige und stark negative Nachwirkungen im Biomethan-Markt haben.[41]

Darüber hinaus hätte die Insolvenz einen Dominoeffekt auslösen können: Der Verband Kommunaler Unternehmen geht von einer Schadenssumme für Stadtwerke und kommunale Versorger in dreistelliger Millionenhöhe aus.[42] Unter den geschädigten Stadtwerken befindet sich auch die Stadtwerke Bad Säckingen, welche nur wenige Jahre zuvor selbst am Rande der Insolvenz standen. Folglich hätte die Schieflage der bmp greengas weitere Häuser in die Zahlungsunfähigkeit treiben können.

Die Insolvenz der bmp greengas verdeutlicht ein weiteres Mal die großen Risiken, welche im Energiehandel überwacht werden müssen. Ferner könnte in diesem Fall das Vorliegen einer Durchgriffshaftung geprüft werden.

3. Weitere Fragestellungen in Erzeugung und Handel

In Folge der Energiewende hat sich die Kraftwerkslandschaft stark dezentralisiert. Diese Dezentralisierung berührt auch die Eigentümerstruktur der deutschen Kraftwerksflotte. Die Eigentümerstruktur ist (mit Ausnahme von Privatpersonen) im Marktstammdatenregister[43] einsehbar und umfasst neben Energieversorgungsunternehmen auch eine Vielzahl von Investoren mit zum Teil überschaubaren Bilanzsummen.

Gerät ein einzelner Kraftwerkseigentümer in wirtschaftliche Schwierigkeiten, so kann beispielsweise die Wartung seiner Anlagen beeinträchtigt werden und daher deren Ausfallwahrscheinlichkeit steigen. Allerdings sind von der Insolvenz einzelner Kraftwerkseigentümer keine unmittelbaren oder großen Schäden für die Öffentlichkeit zu erwarten: Die meisten Kraftwerksportfolien sind nicht systemrelevant. Zudem kann der Kraftwerks-

---

[39] Neumaier (2023).
[40] Energie & Management (2024b).
[41] Rödl & Partner (2023).
[42] VKU (2024).
[43] MaStR (2024).

betrieb vieler Anlagen auch im Insolvenzfall kostengünstig sichergestellt werden. Als Beispiel seien Photovoltaik-Anlagen genannt, für welche keine Primärenergiestoffe eingekauft werden müssen und deren Wartung unter Inkaufnahme überschaubarer Risiken zeitweise auf ein Minimum reduziert werden kann. In einer Krisensituation können in Deutschland gelegene Solaranlagen darüber hinaus in häufig überschaubaren Zeiträumen, ggf. unter Inkaufnahme von Bewertungs-abschlägen, veräußert werden.

An dieser Stelle wird nicht auf mögliche Insolvenzen von Unternehmen eigegangen, welche mit dem Rückbau kerntechnischer Anlagen betreut sind. Ein solches Szenario ist im Sommer 2024 aufgetreten.[44]

4. Weitere Praxisfälle mit Bezug zu Erzeugung und Handel

a) Beinahe-Insolvenz der Stadtwerke Cottbus im Jahr 2005

Cottbus ist eine Stadt in Brandenburg mit ca. 100.000 Einwohnern.[45] Die Pro-Kopf-Verschuldung lag 2017 bei 6558 € und war damit die höchste in Brandenburg.[46] Die Stadt Cottbus ist mit 74,95 % Mehrheitseigentümerin der Stadtwerke Cottbus GmbH, die übrigen 25,05 % sind im Eigentum der Gebäudewirtschaft Cottbus GmbH. Die Stadtwerke betreiben über Unternehmenstöchter die lokale Strom- und Gasversorgung. Daneben befindet sich ein Heizkraftwerk im Portfolio.[47]

Anfang des Jahrtausends entwickelte sich eine wirtschaftliche Schieflage: Als Gründe werden der „*massive Preisdruck durch die Liberalisierung des Strommarktes*"[48] genannt. Ferner investierten die Stadtwerke in ein möglicherweise technologisch nicht ausgereiftes Feinkohlestaub-Kraftwerk. Hierdurch stieg der Schuldenstand auf 25 Mio. € und eine Insolvenz war in greifbare Nähe gerückt.[49]

Die Stadt Cottbus nahm im Dezember 2005 Verhandlungen mit den Hauptgläubigern der Stadtwerke aufgrund drohender Insolvenz auf. Es wurde ein Sanierungskonzept erarbeitet, welches in Teilen in den im Bundesanzeiger veröffentlichen Jahresabschlüssen[50] veröffentlicht ist. Das Sanierungskonzept enthielt im Wortlaut folgende Eckpunkte:

- „*Kapitaldienstentlastung (Absenkung um EUR 4 Mio. bis EUR 6 Mio. p. a. bis 2015) und neue Lieferpreisgestaltung (Marktpreis Strom und marktnaher Wärmepreis) mit dem Hauptlieferanten VASA Kraftwerke GmbH Co. Cottbus KG*

---

[44] Spiegel (2024).
[45] Stadt Cottbus (2024).
[46] MAZ (2018).
[47] Stadtwerke Cottbus (2024a).
[48] Land Brandenburg (2005).
[49] Salzmann (2005).
[50] Bundesanzeiger Stadtwerke Cottbus (2007).

- *Umwandlung des Fremdkapitals in Eigenkapital durch Forderungsverzicht der Deutschen Kreditbank AG (EUR 21,8 Mio.) zum 31. Dezember 2005 und Anteilserwerb seitens der DKB PROGES GmbH als deren 100 %ige Tochter zum 1. Januar 2006*
- *Reduzierung der Tilgung und Zinsen durch die Kreditinstitute (auf 25 % entsprechend der bestehenden Zins- und Tilgungspläne bis 2010) bzw. zinslose Stundung der Darlehen sonstiger Geldgeber bis 2008*
- *Sanierungsbeiträge von EUR 15,2 Mio. (in Fortführung des Sanierungskonzepts durch Kaufvertrag vom 21. Dezember 2006 geändert auf EUR 19,2 Mio.) durch den Gesellschafter Stadt Cottbus zwischen 2006 bis 2010 im Zusammenhang mit der Rückübertragung der Beteiligungsgesellschaft Cottbusverkehr an die Stadt*
- *Freistellung der SWC von Betriebskostenzuschüssen an die Cottbusverkehr GmbH und die Flugplatzgesellschaft Cottbus/Neuhausen mbH*
- *Bürgschaftsübernahme durch die Stadt Cottbus für den Umbau des Fernwärmenetzes*
- *Reduzierung der Belastung aus Netzleasing durch halbierten Refinanzierungszinssatz (rd. EUR 1 Mio. p. a). bei gleichzeitiger Erhöhung des Rückkaufswertes um EUR 2 Mio. in 2013 für das Fernwärmenetz der Fernwärmeversorgung Cottbus GmbH*
- *Jährliche Ausschöpfung der Fernwärmepreisanhebung gegenüber den Endkunden*
- *Reduzierung der Personalkosten um jährlich EUR 2 Mio. ab 2007"*[51]

Der letzte Punkt beinhaltete einen Stellenabbau von 89 Arbeitsplätzen auf 230 Mitarbeiter.[52] Weitere Maßnahmen umfassten den Austausch der Führungsmannschaft.[53] Das Sanierungskonzept ist nur in Teilen im Bundesanzeiger verfügbar. Das vollständige Sanierungskonzept sowie ein 2007 vorgelegter Ausschussbericht zur Sondersituation der Stadtwerke Cottbus konnten trotz Anfrage sowohl an die Stadt Cottbus als auch an die Stadtwerke Cottbus leider nicht eingesehen werden.

Das Land Brandenburg unterstützte die Stadt Cottbus bei der Rettung der Stadtwerke Cottbus mit fünf Millionen Euro.[54] Daneben liehen noch sechs weitere kommunale Versorger den Stadtwerken Cottbus Geld.[55] 2006 wurden zudem 74,9 % der städtischen Anteile an die DKB Proges GmbH im Rahmen der Sanierung übertragen, welche 2007 wieder an die Stadt Cottbus rückübertragen wurden.[56] Die DKB war der Hauptgläubiger der Stadtwerke. 25,1 % der städtischen Anteile wurde Ende 2007 an die Kulczyk Holding S.A. mit der Auflage veräußert, auch die übrigen 74,9 % zu erwerben. Dieses Veräußerungsverfahren scheiterte im April 2008.[57] In Summe mussten für die Sanierung der Stadtwerke Cottbus durch die Stadt 17,45 Mio. € an Bürgschaften hinterlegt werden.[58]

---

[51] Bundesanzeiger Stadtwerke Cottbus (2007).
[52] Verivox (2007).
[53] EID (2005).
[54] Energate (2006a).
[55] Energate (2006b).
[56] Stadtwerke Cottbus (2024b).
[57] Stadt Cottbus (2008).
[58] Stadt Cottbus (2014).

Die vorliegenden Informationen legen nahe, dass die städtische Eigentümerin unter erheblichen finanziellen Anstrengungen ihr Stadtwerk gerettet hat. Die Sanierung erscheint erfolgreich verlaufen zu sein: Die Stadtwerke erwirtschaften laut den Eintragungen im Bundesanzeiger 2019 eine positives Jahresergebnis von 516.000 €, 2020 von über 4 Mio. € und 2021 von 194.000 €.[59]

b) Insolvenz der Flensburger Förde Energiegesellschaft mbH im Dezember 2012

Die Flensburger Förde Energiegesellschaft war eine Tochter der Stadtwerke Flensburg, welche sich zu 100 % im Eigentum der Stadt Flensburg (Schleswig-Holstein) befindet. Die Gesellschaft verfügte über verschiedene Minderheitsbeteiligungen wie die Bionergie Brunsbüttel Contracting GmbH & Co. KG oder die GTW Geothermie Wilhelmsburg GmbH. Gemäß dem im Bundesanzeiger veröffentlichten Jahresabschluss 2011[60] betrug der nicht durch Eigenkapital gedeckte Fehlbetrag mehr als 11 Mio. €. Die Bilanzsumme belief sich auf ca. 15 Mio. €.

Nach öffentlicher Darstellung war eine weitere Beteiligung ausschlaggebend für den Insolvenzantrag: Die Gesellschaft war mit 2,1 % an einem Kohlekraftwerksprojekt in Lünen beteiligt. Die durch Verzögerungen verursachten finanziellen Belastungen wollten die Stadtwerke Flensburg nicht ausgleichen und entließen die Tochter in die Insolvenz.[61]

Soweit ersichtlich hatte die Insolvenz der Minderheitsgesellschafterin keine größeren Auswirkungen auf ihre Beteiligungen. Das Kraftwerksprojekt im 500 km von Flensburg entfernten Lünen wurde 2013 fertiggestellt. Die Insolvenz diente dem Schutz der finanziellen Stabilität der Stadtwerke Flensburg. Diese sahen sich 2022 genötigt, die Versorgung überregionaler Gaskunden einzustellen und kündigten allen Gaskunden außerhalb von Schleswig-Holstein (darunter 45.000 Haushalte).[62]

c) Insolvenz der Stadtwerke Gera im Juni 2014

Gera ist mit ca. 96.000 Einwohnern im Osten von Thüringen die drittgrößte Stadt dieses Bundeslandes (Stand 31.07.2024).[63] Ende 2022 belasteten Schulden in Höhe von 61,6 Mio. € die Stadt, was 664 € pro Einwohner entsprach.[64] Die Arbeitslosenquote lag im Juli 2024 bei 10,0 %.[65] Das Magazin Der Spiegel bezeichnete 2017 Gera als „*Pleitestadt*" und als ökonomische Verliererin der Wende.[66]

---

[59] Bundesanzeiger Stadtwerke Cottbus (2022).
[60] Bundesanzeiger Flensburger Förde Energiegesellschaft mbH (2012).
[61] Stadtwerke Flensburg (2012), Schlappat (2013).
[62] NDR (2022).
[63] Stadt Gera (2024).
[64] Thüringer Landesamt für Statistik (2024).
[65] Bundesagentur für Arbeit (2024).
[66] Spiegel (2017).

Die Stadtwerke Gera AG stellten mit ca. 1000 Mitarbeitern Leistungen der lokalen Daseinsvorsorge zur Verfügung. Diese Leistungen umfassten unter anderem Energieversorgung, öffentlicher Personennahverkehr und Entsorgung. Hierbei wurden Umsätze von rund 200 Mio. € erzielt.[67]

Die Stadtwerke Gera AG mussten am 27.06.2014 einen Insolvenzantrag stellen. Damit waren die Stadtwerke Gera waren das erste Stadtwerk, welches diesen Schritt gehen musste. Als Ursachen für die Krise wird genannt, dass die Querfinanzierung defizitärer Bereiche wie Verkehrs- oder Bäderbetriebe durch das Energiegeschäft nicht mehr in ausreichendem Umfang möglich war.[68] Konkret soll der Anlass für den Insolvenzantrag die Wertberichtigung eines Gaskraftwerks in Höhe von 18 Mio. € gewesen sein.[69] Andere Quellen sprechen von einer „*kurzfristigen Finanzlücke von rund 30 Mio. €*".[70] Dieser Darstellung stehen Presseberichte im (weiten) Vorfeld der Insolvenz entgegen, mit Titeln wie „*Stadtwerke-Bilanz von Gera „hochgradig brisant""*.[71] Nach diesen Berichten hatte sich die Krise angekündigt.

Die finanzielle Lage der Stadt war auch bereits 2014 angespannt. Aus diesem Grund verhinderte das Thüringer Landesverwaltungsamt eine Kreditaufnahme der Stadt Gera für ihr Stadtwerk.[72] Die Insolvenz verursachte Schockwellen in der Branche.[73]

Zum Insolvenzverwalter wurde Hr. Dr. Michael Jaffé bestellt.[74] Die Kanzlei Jaffé spricht von der Bearbeitung einer „*Vielzahl von komplexen juristischen Fragestellungen (…) um einen Zusammenbruch der Beteiligungsunternehmen und damit letztlich auch der Daseinsvorsorge (…) zu verhindern*".[75] Der Insolvenzverwalter fand „*Anschlusslösungen*"[76] für alle wesentlichen Beteiligungen, beispielsweise durch Übernahmen bisheriger Minderheitsgesellschafter oder dem Verkauf der Wohnungsbaugesellschaft. 2021 übernahm der Entsorgungs-konzern Veolia die letzte verbliebene Beteilung der insolventen Holding-gesellschaft, wodurch das Insolvenzverfahren endete.[77]

d) Beinahe-Insolvenz der Stadtwerke Sigmaringen im September 2024

Sigmaringen ist eine Stadt in Baden-Württemberg mit ca. 18.000 Einwohnern, welche etwa 100 km südlich von Stuttgart gelegen ist. Ende 2023 betrug Sigmaringens Verschuldung im öffentlichen und nicht-öffentlichen Bereich 4535 € pro Einwohner und lag damit

---

[67] Kanzlei Jaffé (2024).
[68] Holler (2015).
[69] Kassner (2014).
[70] FAZ (2014).
[71] Munteanu (2011).
[72] Schäfer (2024), S. 368.
[73] Brand (2015), Holler (2015), Häfner (2016), KPMG (2016), Fischer (2017), Schäfer (2024).
[74] Kanzlei Jaffé (2024).
[75] Kanzlei Jaffé (2024).
[76] Kanzlei Jaffé (2024).
[77] Der INDAT (2021).

114 % über der durchschnittlichen Verschuldungsquote baden-württembergischer Kommunen (2112 €/Einwohner).[78] Die Wirtschaftsstruktur in der Region ist als robust zu bezeichnen.[79] Die Stadtwerke Sigmaringen sind ein kommunales Unternehmen der Stadt Sigmaringen und wurden erst im Jahr 2020 von einem kommunalen Eigenbetrieb in die (privatrechtlich organisierte) Stadtwerke Sigmaringen GmbH überführt.

Der im Bundesanzeiger veröffentliche Lagebericht für das Jahr 2021 spricht von einem *„sehr starken Wettbewerbs um Strom- und Erdgaskunden"*,[80] welchen die Stadtwerke mit einer überregionalen Vertriebsoffensive beggnen wollten. Zudem sollten neue Geschäftsbereiche, namentlich genannt sind Heizungsanlagen und Elektromobilität, erschlossen werden. Auch die Erweiterung von Handelsgeschäften sei geplant. Der Jahresgewinn wird 2021 mit 955.000 € ausgewiesen, nach einem Vorjahresverlust in Höhe von 704.000 €.

Am 25.09.2024 beschloss der Gemeinderat auf Basis eines mit externen Experten erstellten Sanierungskonzeptes, 11,5 Mio. € in das Tochterunternehmen einzuzahlen sowie auf einen Gesellschafterkredit in Höhe von 14,5 Mio. € zu verzichten.[81] Als Ursachen für die Krise wird ein *„aufgeblähter Apparat"*[82] mit hohen Personalkosten gesehen, der sich nicht auf Kernaufgaben fokussiert habe. Der Geschäftsführer wurde im August ausgetauscht, nachdem in den ersten fünf Monaten des Jahres 2024 die Stadtwerke ca. 10 % ihrer Stromkunden und ca. 6 % ihrer Gaskunden verloren hätten.[83] Der kommunale Eigner sieht die Krisen-ursache darüber hinaus in *„verspätet getätigte[n] Kaufentscheidungen beim Energiehandel"*.[84]

III. Zweite Säule: Insolvenzrelevante Fragestellungen im Netzbetrieb

1. Stromverteilnetzbetreiber

Die Unternehmensberatung Roland Berger sieht 2016 das *„Endspiel im Energienetz"*.[85] Auch der *„letzte stabile Profit-Pool"*[86] der Energieversorger werde mit sinkenden Renditen im Netzbetrieb in Frage gestellt. Hierdurch trüben sich aus Sicht der Fremdkapitalgeber die Finanzstabilitätskennzahlen ein. Roland Berger rechnet mit einer Erhöhung des Verschuldungsgrades von 26 % bis 38 %. Als Gegenmaßnahmen werden

---

[78] Statistisches Landesamt BaWü (2024).
[79] Landkreis Sigmaringen (2024).
[80] Bundesanzeiger Stadtwerke Sigmaringen (2023).
[81] Stadt Sigmaringen (2024), Rehfuss (2024).
[82] Hescheler (2024a).
[83] Hescheler (2024b).
[84] Stadt Sigmaringen (2024).
[85] Roland Berger (2016).
[86] Roland Berger (2016).

unter anderem eine separate Finanzierung der Netzgesellschaft und eine Abstoßung des Netzgeschäftes diskutiert.

Die Insolvenz eines großen Stromverteilnetzbetreibers könnte kaum zu überblickende Auswirkungen nach sich ziehen. Beispielhaft seien langfristig ausbleibende Investitionen in das Stromnetz, ein Ausbleiben der Zahlungsströme im Zusammenhang mit der durch die Verteilnetzbetreiber unentgeltlich zu erbringenden Abrechnungen für EEG-Anlagen oder ein Zusammenbrechen des Entstördienstes durch einen Exodus an Mitarbeitern in der Insolvenz genannt.

Dieses Schreckensszenario erscheint aber wenig realistisch. Im Falle einer Schieflage könnte mit Einverständnis aller Parteien die Stromkonzession und damit die Verantwortung für das lokale Stromnetz im Rahmen einer übertragenen Sanierung auf einen Marktbegleiter oder einen Zweckverband übertragen werden. Wartung und Instandsetzung könnte über entsprechende Dienstleistungsverträge auch bei einer Freisetzung aller Mitarbeiter organisiert werden. Bisher konnten Sondersituationen bei Verteilnetzbetreiber ohne unmittelbare Auswirkungen auf die Versorgungssicherheit gelöst werden (Beispiel: Stadtwerke Bad Säckingen).

Dennoch bleiben hinsichtlich der möglichen Insolvenz eines Verteilnetzbetreibers viele Fragen offen. Diese betreffen unter anderem die Haftungsrisiken des Insolvenzverwalters: Ist der Netzbetrieb defizitär, so haftet der Verwalter nach § 61 S. 1 InsO für die Nichterfüllung dieser Masseverbindlichkeiten im Sinne von § 55 Abs. 1 Ziffer 1 InsO.

Allerdings darf der Insolvenzverwalter nicht mit seinem Privatvermögen für die Erfüllung des übergeordneten Interesses der Energieversorgungssicherheit in Anspruch genommen werden. Gleiches gilt auch für eine denkbare Belastung der Gläubiger mit den Verlusten des Netzbetriebs. Der Insolvenzverwalter ist allerdings auch nicht berechtigt, die Netzübernahme zu einem negativen Kaufpreis anzubieten.

Damit ist offen, was bei einem wirtschaftlich stark unattraktiven Netz, für welches sich kein alternativer Netzbetreiber findet, im Insolvenzfall geschehen wird. Diese Fallkonstellation ist in ländlichen, schlecht gewarteten/investitionsintensiven und beispielsweise durch Telekommunikationsnetze überbauten (daher auch künftig schlecht zu wartenden) Stromnetzen kein rein akademisches Gedankenkonstrukt.

Vor dem Hintergrund des Gasausstiegs und damit einhergehender Kontinuitätszwänge sowie weiterer Transformationsanstrengungen stellt sich diese Frage im Gasverteilnetz in besonderem Maße. Der Betrieb von fossiler Infrastruktur liegt nicht im strategischen Fokus der meisten Energieversorger. Diese könnten folglich die Übernahme einer solchen Verantwortung im Krisenfall vehement ablehnen.

Im Stromnetz steigen durch die Energiewende ferner die Investitionsbedarf stark an. Diese werden zu nicht unwesentlichen Teilen durch Verteilnetzbetreiber erbracht und vorfinanziert. Hierdurch könnten einzelne Häuser überlastet werden. Insolvenzen von Verteilnetz-betreibern sind folglich mit einer steigendenden Eintrittswahrscheinlichkeit behaftet.

Grundsätzlich werden Verteilnetzbetreiber über Mechanismen der sogenannten Anreizregulierung vergütet. Diese ist in der Anreizregulierungsverordnung (ARegV) spezifiziert und entbehrt nicht einer gewissen Komplexität. Stark vereinfacht ausgedrückt werden operative Kosten der Verteilnetzbetreiber sowie Zinsen für getätigte, notwendige Investitionen über die Bundesnetzagentur auf die Stromkunden durch die Netznutzungsentgelte umgelegt. Gleiches gilt für Gasnetzbetreiber. Hierbei sollte, ohne höhere Gewalt und Planungsfehler, eine Zahlungsunfähigkeit des in einem natürlichen Monopol agierenden Verteilnetzbetreibers grundsätzlich weit weniger wahrscheinlich sein als das entsprechende Risiko von im freien Markt agierenden Unternehmen.

2. Messstellenbetreiber

a) Grundlegendes

Ein Messstellenbetreiber ist ein Unternehmer, welches für den Einbau, Betrieb und Wartung sowie die Datenübertragung von Stromzählern verantwortlich ist. Rechtsgrundlage bildet das Messstellenbetriebsgesetz (MsbG). Dieses zielt auf den Ausbau intelligenter Messsysteme, die Trennung zwischen den Rollen eines Verteilnetzbetreibers und eines Messstellenbetreibers sowie auf die Sicherstellung notwendiger Datenströme (§ 1 MsbG). Die Trennung dieser Rollen ist international unüblich.

Ein Messstellenbetreiber kann entweder grundzuständig oder wettbewerblich sein: Der grundzuständige Messstellenbetreiber ist nach der Legaldefinition des § 2 Ziffer 4 MsbG der Betreiber von Energieversorgungsnetzen, der Auffangmessstellenbetreiber oder ein Dritter, dem die Grundzuständigkeit übertragen wurde. Nach den Regelungen des § 11 Abs. 3 MsbG ist Auffangmessstellenbetreiber, wer (1) pro Bundesland als grundzuständiger Messstellenbetreiber die meisten intelligenten Messsysteme betreibt und seine Bereitschaft für diese Verantwortung kommuniziert oder, bei einem Fehlen einer solchen Bereitschaft, derjenige, welcher (2) bundesweit die meisten intelligenten Messsysteme betreibt und seine Bereitschaft für diese Verantwortung kommuniziert hat. Fehlt auch diese Bereitschaft, so ist diejenige Firma Auffangmessstellenbetreiber, welche (3) die meisten intelligenten Messsysteme in absoluten Zahlen betreibt.

Daneben agieren wettbewerbliche Messstellenbetreiber, in der Regel deutschlandweit und mit einem Fokus auf Firmen-, nicht Privatkunden. Gesetzliche Grundlage hierfür bildet § 9 MsbG.

Bei wettbewerblichen Messstellenbetreibern gab es in jüngster Ver-gangenheit eine Reihe von Insolvenzen. Soweit ermittelbar wurden durch die Sondersituationen der Betrieb der Messstellen nicht beeinträchtigt. Würde ein grundzuständiger oder wettbewerblicher Messstellenbetreiber ausfallen, so muss der sogenannte Auffangmessstellenbetreiber den Messstellenbetrieb sicherstellen. Mit Ausnahme des Bundeslandes Bremen ist dies deutschlandweit die zum E. On-Konzern gehörende Westnetz GmbH.[87]

Mögliche Insolvenzen von wettbewerblichen und grundzuständigen Messstellenbetreibern werden folglich als unkritisch wahrgenommen: Der größte Kostenblock in deren Geschäftsmodellen ist die Installation der Zähler. Der weitere Betrieb ist verhältnismäßig kostenarm und hochautomatisiert. Zudem kann diese Betriebsführung relativ

---

[87] BNetzA (2024b).

einfach auf Wettbewerber, spezialisierte Dritte oder den Auffangmessstellenbetreiber übertragen werden. Problematisch ist, dass bis zu einem Verbrauch von 100.000 kWh im Jahr starr vorgegebene Preisobergrenzen existieren.[88] Diese betragen bei Verbräuchen zwischen 6000 und 10.000 kWh p. a. 20 € pro Jahr. Dieser Betrag ist in der Regel nicht kostendeckend und wird innerhalb der Verteilnetzbetreiber querfinanziert. Die Auswirkungen einer Insolvenz eines Verteilnetzbetreibers wurde an anderer Stelle diskutiert.

Bei Firmenkunden jenseits eines Jahresverbrauchs von 100.000 kWh existieren keine Obergrenzen, der Preis muss nur „*angemessen*"[89] sein. Daher könnte das Kundenportfolio der wettbewerblichen Messstellenbetreiber kommerziell interessant sein. Bei einer Vertragsauflösung im Insolvenzfall können die betroffenen Vertragspartner relativ unproblematisch zu einem anderen Messstellenbetreiber wechseln. Gleichsam sind bei einer Insolvenz der Westnetz GmbH in ihrer Rolle als Auffangmessstellenbetreiber größere Verwerfungen zu erwarten, da Markt-begleiter nicht über die notwendigen Infrastrukturen zur Aufnahme des Messstellenportfolios der Westnetz verfügen dürften.

In Summe erscheinen die energierechtlichen und -wirtschaftlichen Verwerfungen bei der Insolvenz eines Messstellenbetreibers als vergleichsweise klein. Diese Vermutung wird durch die Beobachtung der Folgen bisheriger Insolvenzen unterstrichen.

b) Praxisfälle: Insolvenzen wettbewerblicher Messstellenbetreiber 2022–2024

Messstellenbetreiber koordinieren den Betrieb und die Datenflüsse von Strommesszählern im Sinne des Messstellenbetriebsgesetzes. Hierbei wird zwischen grundzuständigen und wettbewerblichen Messstellenbetreibern unterschieden. Der grundzuständige Messstellenbetreiber ist, vereinfacht dargestellt, der jeweilige Verteilnetzbetreiber (oder ein von ihm beauftragter Dritter). Wettbewerbliche Messstellenbetreiber agieren in der Regel deutschlandweit und nur für Firmenkunden.

In diesem Markt kam es zu einer Reihe von Sondersituationen: So wurde am 28.11.2023 die in Kirchdorf an der Iller (ehemals) ansässige ComMetering GmbH liquidiert.

Die in Aachen beheimatete Discovergy GmbH musste im Juni 2022 Insolvenz in Eigenverwaltung anmelden.[90] Das Verfahren konnte im April 2023 beendet werden. Teil des Insolvenzplans war eine neue Eigentümerstruktur sowie eine Neuausrichtung der Kundenbeziehungen.[91]

Im Mai 2024 stellte die in Berlin ansässige Solandeo GmbH einen Antrag auf Insolvenz in Eigenverwaltung.[92] Solandeo konnte bereits im Juni 2024 nach einer Übernahme und einer strategischen Kooperation das Verfahren verlassen.[93]

---

[88] BNetzA (2024c).
[89] BNetzA (2024c).
[90] 50,2 online (2023).
[91] Energie & Management (2023c).
[92] IWR-Pressedienst (2024).
[93] 1KOMMA5° (2024).

Als Ursachen für die Sondersituation von Messstellenbetreibern ist der schleppende Ausbau intelligenter Messsysteme zu sehen. Ferner werden ein für diese in der Tendenz jungen Unternehmen schwieriges Finanzierungsumfeld[94] sowie Managementfehler genannt. Die Insolvenzen gingen, soweit ermittelbar, nicht mit Störungen kritischer Energieinfrastrukturen einher: Der Betrieb der Messstellen konnte auch in diesen Situationen aufrechterhalten werden.

3. Weitere Fragestellungen im Netzbetrieb

Die obigen Ausführungen für die Situation in den Stromnetzen können im Wesentlichen auf die ähnlich strukturierte Regulierung im Bereich der Gasnetze übertragen werden. Auch vor dem Hintergrund der angestrebten klimaneutralen Energieversorgung und dem schleppenden Hochlauf der Wasserstoffwirtschaft wird auf eine detailliertere Darstellung spezifischer Regelungen im Gasbereich verzichtet.

Ebenso verzichtet wird auf eine Diskussion der Auswirkungen einer Insolvenz eines Übertragungsnetzbetreibers. Diese Verwerfungen wären gravierend und sprengen den Rahmen dieser Arbeit.

Kurz sei der Blick auf energiefremde Netze geworfen: Im Bereich Trinkwasser und Abwasser unterscheidet sich die Regulierung merklich von jener der Strom- und Gasnetze. Zudem ist die Marktstruktur stärker als im Energiebereich von kommunalen Eigenbetrieben und kommunalen Zweckverbänden geprägt. Die hypothetische Insolvenz eines Fernwasserbetreibers geht ebenfalls mit interessanten insolvenzrechtlichen Fragestellungen einher. Aufgrund der in diesem Bereich niedrigeren Eintrittswahrscheinlichkeiten und dem Fokus dieser Ausarbeitung auf kritische Energieinfrastruktur wird hierauf nicht gesondert eingegangen.

IV. Dritte Säule: Insolvenzrelevante Fragestellungen im kundennahen Geschäft

1. Grundversorger

Nach den Regelungen des § 36 Abs. 1 EnWG haben Energieversorgungsunternehmen für Netzgebiete, in denen sie Grundversorger sind, jeden Haushaltskunden zu versorgen. § 3 Ziffer 22 EnWG definiert Haushaltskunden als Letztverbraucher, die Energie überwiegend für den Eigenverbrauch im Haushalt oder für den einen Jahresverbrauch von 10.000 kWh nicht übersteigenden Eigenverbrauch für berufliche, landwirtschaftliche oder gewerbliche Zwecke kaufen. Die Pflicht zur Grundversorgung besteht nicht, wenn sie dem Energieversorgungsunternehmen nicht zumutbar ist (§ 36 Abs. 1 S. 4 EnWG).

---

[94] Diermann (2024).

Grundversorger ist gemäß § 36 Abs. 2 S. 1 EnWG derjenige Energieversorger, welcher in einem Netzgebiet die meisten Haushaltskunden beliefert. Näheres regelt die Stromgrundversorgungsverordnung (StromGVV). So legt § 20 Abs. 1 S. 2 StromGVV fest, dass die Kündigung eines Grundversorgungsvertrages durch den Energieversorger nur dann möglich ist, wenn die Pflicht zur Grundversorgung nach § 36 Abs. 1 S. 4 EnWG nicht besteht. Der Grundversorger beliefert gemäß § 6 Abs. 2 S. 1 StromGVV insbesondere Haushaltskunden, welche über keinen Stromliefervertrag verfügen, aber dennoch elektrische Energie verbrauchen, im Rahmen eines Vollversorgungsvertrags.

Beckermann (2009) setzt sich in ihrer Dissertation mit dem Grundversorger in der Insolvenz auseinander. Beckermann schlussfolgert, dass alle Haushaltskunden, die vor der Insolvenzeröffnung einen Kontrahierungsanspruch geltend gemacht haben, auch nach der Insolvenz-eröffnung über das Vermögen des Grundversorgers von diesem mit Strom beliefert werden müssen. Die Gewährleistung der Versorgungssicherheit gemäß § 36, 38 EnWG sei auch bei Eingreifen insolvenzrechtlicher Normen gewährleistet – eine Kollision der Regelungen des § 36 Abs. 1 S. 1 EnWG und den Normen der §§ 1 S. 1, 38, 87 InsO sei folglich nicht gegeben. Beckermann (2009) hält fest, dass die Insolvenzmasse durch die Befolgung der Grundversorgungs- und Ersatzversorgungspflicht nicht geschmälert wird. Beckermann spricht von „*ersatzversorgten lukrativen Kunden*"[95] und prüft die Auswirkungen einer gesetzlichen Änderung hin zum automatischen Verfall der Grundversorgerstellung zum Zeitpunkt der Insolvenzeröffnung über das Vermögen des bisherigen Grundversorgers mit ambivalentem Ergebnis. Die Vereinbarkeit der Regelungen der §§ 36, 38 EnWG mit dem durch die InsO verfolgten Ziel der bestmöglichen Gläubigerbefriedigung wird von ihr bejaht.

Beckermann (2009) unterstreicht, dass die in § 36 Abs. 1 EnWG festgelegte Grundversorgungspflicht der als besonders schutzwürdig erachteten Versorgungssicherheit von Haushaltskunden dient. Diese Haltung ist vollumfänglich zu teilen.

Beckermann (2009) sieht für den Grundversorger eine „*mittelbare Investitionspflicht*"[96] erwachsen, welche jedoch unabhängig sei von der wirtschaftlichen Lage des Grundversorgers. Diese These ist zu verwerfen: Werden bei der Insolvenz eines ‚*Billigstromlieferanten*' eine große Menge an Kunden in die Grundversorgung überführt, kann dies für den Grundversorger mit erheblichen einzukaufenden Strommengen einhergehen. Gerade mit Blick auf die Verwerfungen des Jahres 2022 kann die Möglichkeit des Grundversorgers, die (zusätzlichen) Grundversorgungspflichten abzulehnen, nicht wie von Beckermann postuliert verneint werden.

Beckermann (2009) schlussfolgert, dass ein Grundversorger seine Geschäftstätigkeit aufgeben darf. Dies gelte selbst dann, wenn kein Nachfolger feststellbar wäre. Diese Situation würde zu erheblichen logistischen Herausforderungen führen, daher ist die postulierte Möglichkeit zu verneinen. Es gilt das Prinzip: Die Grundversorgung muss sicher-

---

[95] Beckermann (2009), S. 241.
[96] Beckermann (2009), S. 247.

gestellt sein. Zur Not muss aus einem angrenzenden Netzgebiet ein Wettbewerber in die Pflicht genommen werden. Beckermann (2009) sieht in diesem Fall zu Recht eine aus Art. 20 Abs. 1 GG hergeleitete Gewährleistungsverantwortung des Staates.

Beckermann (2009) betont, dass im Falle eines Insolvenzantrages eines Grundversorgers weder zum (automatischen) Fortfall seiner Grundversorgerstellung noch zu sonstigen rechtlichen Einschränkungen seiner Belieferungsfähigkeit führt. Allerdings erlischt automatisch der Bilanzkreisvertrag im Sinne des § 26 StromNZV, wodurch eine Belieferungsunfähigkeit entsteht. Diese kann durch den Insolvenz-verwalter allerdings geheilt werden.

Zusammenfassend sind zwei Szenarien bei der Insolvenz eines Grundversorgers denkbar: Im einfachen Szenario ist ein alternativer Energieversorger willens und wirtschaftlich-infrastrukturell in der Lage, die Grundversorgungskunden aufzunehmen. In einem komplexeren Szenario muss die Grundversorgung über politische Zwänge und ggf. Anreize, respektive Schadensausgleiche, sichergestellt werden.

2. B2C-Commidity-Vertrieb

Der Business-to-Consumer-Commodity-Vertrieb (B2C) eines Energieversorgers verkauft Strom und Gas an private und kleingewerbliche Endkunden. Die Liste insolventer Stromanbieter ist lang und umfasst unter anderem Neckermann Strom, Smiling Green Energy, Dreischstrom, Lition Energie, Otima Energie, Fulminant Energie, Enyway, Teldafax, FlexStrom, Care-Energy, e:veen, BEV und Jura Power.[97] Die Bundesnetzagentur führt eine Liste der aktuellen *„Tätigkeits-beendigungen von Energielieferanten"*.[98]

Häufig basiert das Geschäftsmodell dieser Firmen auf der Akquise möglichst vieler, langfristiger Endkundenlieferverträgen. Die benötigten Energiemengen werden allerdings kurzfristig an der EEX eingekauft. Das Geschäftsmodell funktioniert, solange die Einzahlungen der Kunden die für den Energieeinkauf benötigten Mittel übersteigen. Steigen, wie 2022, die Strompreise an, kommt das Geschäftsmodell an seine Grenzen.

Wird ein Energielieferant insolvent oder stellt aus anderen Gründen seine Energielieferungen ein, so übernimmt für Privatkunden der Grundversorger die Strom- und Gasversorgung. Die Pflicht des Grund-versorgers besteht gemäß § 36 Abs. 1 S. 5 EnWG nicht, *„wenn die Versorgung für das Energieversorgungsunternehmen aus wirtschaftlichen Gründen nicht zumutbar ist"*.

Für Industriekunden greift dieser Mechanismus nicht, sie müssen sich am Markt einen neuen Lieferanten suchen: Der Anspruch auf Grund- und Ersatzversorgung endet bei einem Verbrauch von mehr als 10.000 kWh pro Jahr.[99] Folglich stellt die Insolvenz so-

---

[97] Willuhn (2022), Verbraucherzentrale Niedersachsen (2023), Stiftung Warentest (2023), ZfK (2023).
[98] BNetzA (2024a).
[99] EnviaM (2024).

genannter Billigstromanbieter in der Regel keine unmittelbare Gefahr für die Versorgungssicherheit der Bürgerinnen und Bürger dar, kann aber für Unternehmen und den zuständigen Grundversorger Turbulenzen verursachen.

Als ein Beispiel für solche Turbulenzen wird auf die Insolvenz des Stromanbieters TelDaFax im Jahr 2011 eingegangen:[100] Unter Führung eines wegen 176-fachen Betrugs verurteilten und zeitweise flüchtigen, zeitweise inhaftiertem Aufsichtsratschefs zeichnete sich seit spätestens 2009 eine ausgeprägte Liquiditätskrise und Insolvenzreife ab. Das Handelsblatt bezeichnete TelDaFax am 20.10.2010 als *„Schneeballsystem"*, was eine Unterlassungsklage der Firma zur Folge hatte. Die Bundesnetzagentur leitete am 08.02.2011 ein Verfahren zur Untersagung der Energielieferung ein. Die Erlaubnis zur Leistung als Stromversorger wurde am 12.04.2011 durch das Hauptzollamt Köln entzogen. Am 14.06.2011 stellte TelDaFax den Insolvenzantrag. Gemessen an der Anzahl der mehr als 700.000 Gläubiger handelte es sich bei der TelDaFax-Insolvenz um das bis dahin größte Insolvenzverfahren in der deutschen Wirtschaftsgeschichte.[101]

3. B2B-Commidity-Vertrieb

a) Grundlegendes

Der Business-to-Business-Commodity-Vertrieb (B2B) eines Energieversorgungsunternehmen verkauft die hochstandardisierten Handelswaren (,*commodity*') Strom und Gas an Firmenkunden. Wie oben dargelegt, greift für Firmenkunden jenseits eines Jahresverbrauchs von 10.000 kWh keine Grundversorgungspflicht. Diese können im Bedarfsfall im Rahmen eines Sonderkundenvertrages versorgt werden.

Die Schieflage und die Rettung der Stadtwerke Bad Säckingen hing nicht unwesentlich von einem einzelnen Firmenkundenvertrag ab (siehe nächster Abschnitt). 2022 kündigten mehrere Stadtwerke in großem Umfang Kundenbeziehungen, darunter B2B-Belieferungsverträge.[102]

Es ist davon auszugehen, dass in einer Insolvenzsituation der Insolvenz-verwalter bei unprofitablen Energielieferverträgen von seinen Wahlrecht gemäß § 103 InsO Gebrauch machen wird. In diesem Fall müssen Firmenkunden alternative Energieverträge schließen. Dies kann zu erheblichen Mehrkosten und damit Belastungen für die regionale Wirtschaftsräume führen. Hierdurch kann im Vorfeld einer Insolvenz Druck auf kommunale Eigentümer des Energieversorgungsunternehmens entstehen, welche Steuerausfälle oder Werkschließungen zu vermeiden suchen. Im Fall der Rettung der Stadtwerke Bad Säckingen war dies einer der Hauptgründe für die Entscheidung gegen ein Regelinsolvenzverfahren.

---

[100] Flauger (2017).
[101] Spiegel (2013).
[102] Grützmacher (2022), Schaefer (2022), SWR (2022).

Jenseits dieses politischen Drucks erscheinen aus Sicht des Energieversorgungsunternehmens die üblichen Mechanismen des Insolvenz-rechts gangbar zu sein. Aufgrund der Kleinteiligkeit im Markt der B2B-Commodity-Lieferanten erscheinen systemgefährdende Auswirkungen solcher Sanierungsoptionen als unwahrscheinlich. Dennoch können die regionalen Auswirkungen einer solchen Schieflage sehr schmerzlich sein.

Zu den insolvenzrechtlichen Fragestellungen von Energielieferungen nach Eröffnung von Insolvenzverfahren liegen verschiedene Arbeiten vor.[103] Diese sind nicht Gegenstand dieser Ausarbeitung.

b) Praxisfall: Beinahe-Insolvenz der Stadtwerke Bad Säckingen im Juli 2021

Bad Säckingen ist eine Stadt mit 2023 18.228 Einwohnern und überdurchschnittlicher Kaufkraft pro Einwohner.[104] Die Stadt ist in Baden-Württemberg direkt an der Grenze zur Schweiz gelegen. In einem Standortranking belegt Bad Säckingen den vordersten Rang am Hochrhein.[105] Ende 2022 beliefen sich die Schulden der Stadt und ihrer Eigenbetriebe auf in Summe 52,3 Mio. €, was ca. 3000 € pro Einwohner entsprach. Dieser Wert lag damit ca. 70 % über dem Landesdurchschnitt.[106]

Die Stadtwerke Bad Säckingen GmbH versorgen die Stadt und das Umland von Bad Säckingen mit Strom (inkl. Grundversorgung), Gas, Wärme, Wasser, Mobilitätslösungen (Ladestationen, Carsharing und Citybus) sowie weiteren Dienstleistungen wie Gebäude-Thermografie oder dem Betrieb des lokalen Waldbades.[107] Das Stromnetz umfasste 2023 57.610 km Mittelspannung sowie 186.820 km Niederspannung.[108] Das Gasnetz umfasst 2023 22.570 km Hochdruck, 0 km Mitteldruck und 110.450 km Niederdruck.[109] Damit handelt es sich bei den Stadtwerken um einen mittelgroßen Akteur im Bereich der kritischen Energie-infrastruktur.

2021 beschäftigten die Stadtwerke durchschnittlich 67,3 Mitarbeiter und erwirtschafteten ein Jahresergebnis von − 8,8 Mio. €. In den Vorjahren war der Jahresüberschuss stabil positiv: Im Jahr 2020 betrug der Jahresüberschuss + 2,4 Mio. €, 2019 + 2,6 Mio. €, 2018 ca. + 2 Mio. € und 2017 ca. + 2,3 Mio. €. Die Verluste des Jahres 2021 teilten sich auf die Gasversorgung (− 6,5 Mio. €), die Stromversorgung (− 1,9 Mio. €) sowie Nahverkehr, Heilquellen und Bad (− 0,6 Mio. €) auf. Die (positiven) Einnahmen aus der Wasser- und Wärmeversorgung sowie dem Contracting beliefen sich auf in Summe 246.000 €.

---

[103] Brickwedde (2012), Prietze (2016), Wehner (2018).

[104] Stadt Bad Säckingen (2024).

[105] Südkurier (2023).

[106] Statistisches Landesamt Baden-Württemberg (2024).

[107] Stadtwerke Bad Säckingen (2024a).

[108] Stadtwerke Bad Säckingen (2024b).

[109] Stadtwerke Bad Säckingen (2024c).

Der Jahresfehlbetrag 2021 entspricht ca. 500 € pro Einwohner oder mehr als 130.000 € pro Mitarbeiter. Der Verlust wurde in der lokalen Presse als „*dramatisch*" bezeichnet.[110] Andere Medien berichten von einer drohenden Insolvenz im Juli 2021 und einer Finanzspritze in Höhe von 15 Mio. €[111] sowie von „*Misswirtschaft, Gier und Unvermögen*".[112] Der städtische Anteil an der Rettung betrug 11,1 Mio. €[113] oder über 600 € pro Einwohner. Neumaier (2022) sieht die Ursache für die Beinahe-Insolvenz in der Einkaufspolitik der Stadtwerke, welche große Mengen Erdgas am Spotmarkt eingekauft hätten, und diese Mengen an einen großen Einzelabnehmer zu ungünstigen vertraglichen Konditionen weiterverkauft hätten. Dieses Konstrukt habe mit den steigenden Gaspreisen in Folge des russischen Angriffskrieges die Liquiditätskrise herbeigeführt.

Die Wirtschaftspläne des Stadtwerks sowie Jahresabschlüsse nach 2021 sind Stand 03.10.2024 nicht öffentlich verfügbar, sollen aber zeitnah veröffentlicht werden. Laut einer Presseinformation wird für das Geschäftsjahr 2024 ein Gewinn von 2,54 Mio. € erwartet, 2022 wurde ein Jahresüberschuss in Höhe von 0,5 Mio. € erwirtschaftet.[114]

Der 2012 ins Amt gewählte Bürgermeister von Bad Säckingen, Hr. Alexander Guhl, war dankenswerterweise zu einem Gespräch bereit. Dieses fand am 19. Juli 2024 in den Räumlichkeiten seines Rathauses statt.

Hr. Guhl erläuterte betrachtete Alternativen. Unter anderem erschien eine Zerschlagung im Rahmen eines Regelinsolvenzverfahrens aufgrund unklarer Haltungen der Gläubiger als riskant. Generell wurde ein Insolvenzverfahren aus städtischer Sicht als wenig vorteilhaft angesehen, da (Versorgungs-)Bürgschaften für die Stadtwerke bestanden und insolvenzbedingte Kündigungen von Energieversorgungsverträgen aufgrund in diesem Zeitraum sehr hoher Energiepreise für die lokale Industrie hochproblematisch gewesen wären. Zentral für die Rettung sei die außergerichtliche Einigung mit einem einzelnen, volumenstarken Gaskunden gewesen, was die Rettung in den Bereich des finanziell Möglichen gebracht habe. Hr. Guhl betonte die hohe Geschwindigkeit, mit welcher sich die Krise zugespitzt habe, sowie die zeitliche Belastung der an der Rettung beteiligten Personen.

Auswirkungen der Sondersituation seien weiterhin spürbar, insbesondere hinsichtlich der Reputation bei Kreditinstituten. Positiv hervorgehoben wurde der Zusammenhalt von Personal und Gesellschaftern in der Krise. Über den Minderheitsgesellschafter, die Naturenergie Holding AG, konnten benötigte Marktzugänge sichergestellt werden. Ein Exodus an Mitarbeitern habe nicht stattgefunden. Auch seien die Kunden den Stadtwerken treu geblieben.

Hr. Guhl betonte die Wichtigkeit eines professionellen Risikomanagements sowie die frühe Einbindung externer Berater. Inwieweit eine transparente Kommunikation einer solchen Rettung alternativlos sei, wurde mit Blick auf Geschehnisse in anderen Häusern in

---

[110] Kremp (2022).
[111] Südkurier (2022).
[112] Neumaier (2022).
[113] Energie & Management (2024a).
[114] Energie & Management (2024a).

Frage gestellt. Hr. Guhl wies ferner darauf hin, dass aus dem Jahresabschluss 2020 keine gravierenden Risiken für die Stadtwerke ersichtlich waren, welche ein Handeln der Gesellschafter erfordert hätten.

4. Betreiber von Wärmenetzen

a) Grundlegendes

Wie auf Seite 7 ff ausgeführt, stellen wirtschaftliche Krisen von Wärmenetzen die Kunden der betroffenen Netzgebiete vor größere Probleme. Insbesondere zur Preisgestaltung dieser lokalen Monopole[115] gibt es eine Reihe von Verfahren und Urteilen: So eröffnete im Jahr 2013 das Bundeskartellamt Missbrauchsverfahren gegen in Summe sieben Fernwärmeanbieter.[116] Zudem befasste sich der Bundesgerichtshof mit den Preisgestaltungsspielräumen in der Fernwärmeversorgung.[117] Ferner reichte eine Verbraucherzentrale 2024 zwei Unterlassungsklagen gegen Fernwärmeanbieter ein.[118]

Trotz dieser Verfahren sind Preisanpassungen in Fernwärmenetzen aus Sicht der Energieversorger deutlich einfacher durchzusetzen als in den wesentlich stärker regulierten Strom- oder Gasnetzen. Dennoch können Wärmenetzbetreiber Insolvenz anmelden müssen, wie bereits mehrfach geschehen (siehe nächster Abschnitt). In diesen Fällen kam es zu erheblichen Komforteinschränkungen für die Kunden in Gestalt einer mehrwöchigen Unterbrechung der Wärmeversorgung. Diese beschafften sich in großer Zahl Wärmepumpen, sodass der wirtschaftliche Betrieb für die verbleibenden Fernwärmekunden (noch) schwieriger abbildbar wurde.

Auch an dieser Stelle kollidiert das Insolvenzrecht mit seinem Fokus auf Gläubigerschutz mit den faktischen Zwängen der energiegebundenen Daseinsvorsorge. Diese Fragestellungen wurden von einzelnen Autoren bereits aufgenommen: So fragt Held *„Wärmeversorgungsunternehmen als Sonderproblem des Insolvenzrechts?"*[119] und schlägt Interims-versorgungsverhältnisse als Bestandteil der Sanierungskonzepte insolventer Wärmeversorgungsunternehmen vor. Held (2024) bejaht zudem das Sonderkündigungsrecht durch den Wärmenetzbetreiber, und damit indirekt das Wahlrecht des Insolvenzverwalters gemäß § 103 InsO.

Held (2024) führt aus, dass der Anteil der Fernwärmeversorgung vor dem Hintergrund der Energie- und Wärmewende steigen werde. Gleichzeitig steige die bürokratische Belastung dieser Firmen und damit das Risiko für wirtschaftliche Krisenlagen. Held sieht als wesentliches Sanierungs-instrument die sogenannte ‚*übertragene Sanierung*'.[120] Im

---

[115] Immenga/Mestmäcker/Körber (2024), Rn. 67a.
[116] Theobald/Kühling (2024), Rn. 163.
[117] BGH, Urteil vom 27.9.2023, VIII ZR 249/22 und VIII ZR 263/22.
[118] Bund der Energieverbraucher (2024).
[119] Held (2024), Titel.
[120] Held (2024), Kap. II.

IV. Dritte Säule: Insolvenzrelevante Fragestellungen im kundennahen Geschäft

Rahmen einer übertragenen Sanierung werde Anlagen auf einen neuen Eigentümer übereignet. Diese Übertragung bedürfe keiner Zustimmung der Wärme-kunden, welche allerdings in dieser Situation ein Sonderkündigungsrecht hätten. Er bejaht ein einseitiges Sonderkündigungsrecht des Wärme-netzbetreibers als „*letzte Reißleine*".[121]

Die von Held (2024) vertretenen Ansichten erscheinen schlüssig: Auch wenn Wärmeversorgung als Daseinsvorsorge begriffen werden kann, so können resultierende Pflichten nicht einem insolventen Unternehmen aufgebürdet werden. Inwieweit die öffentliche Hand Rettungspflichten trifft, wird auf Seite 66 diskutiert.

b) Praxisfall: Insolvenzen des Fernwärmebetreibers Energieversorgung Wenzenbach im März 2024

Wenzenbach ist eine Gemeinde mit ca. 9000 Einwohnern in der Nähe von Regensburg in Bayern. Im März 2024 reichte die Energieversorgung Wenzenbach GmbH einen Insolvenzantrag ein. Zuvor, d. h. im Frühjahr 2024, hatte der Energieversorger ca. 70 Haushalten über einen Zeitraum von mehreren Wochen die Wärmeversorgung abgestellt. Die Gesellschaft führte aus, das benötigte Gas aus finanziellen Gründen nicht einkaufen zu können. Die Kunden wurden um monatliche Abschlagszahlungen zwischen 800 und 1500 € pro Haushalt gebeten.[122]

Im August 2024 war kein Investor gefunden, der das Fernwärmenetz weiter betreiben wollte. Als Gründe für die mehrere Jahre anhaltende finanzielle Schieflage und die schwierige Investorensuche wird eine technische Überdimensionierung der Anlage genannt.[123] Daneben werden unternehmerische Fehler wie das Unterschätzen laufender Kosten erwähnt.[124]

Das Amtsgericht Regensburg verpflichtete in einem Urteil vom 11.03.2024 die Gesellschaft per einstweiliger Verfügung, die Wärmeversorgung innerhalb von zweieinhalb Wochen wieder anzustellen, sofern dies wirtschaftlich und technisch möglich sei. Wärme sei bei den aktuellen Temperaturen ein Teil der Daseinsvorsorge.[125] Bereits wenige Wochen nach der Abschaltung hatten sich rund die Hälfte der betroffenen Haushalte eine Wärmepumpe gekauft.[126] Hierdurch sinkt die aus dem Wärmenetz benötigte Energiemenge entsprechend, wodurch ein wirtschaftlicher Betrieb des möglicherweise von Anfang an überdimensionierten Netzes für die verbleibenden Haushalte praktisch ausgeschlossen ist.

Die Insolvenz des Fernwärmebetreibers in Wenzenbach ist kein Einzelfall: So musste 2019 die Dettenhäuser Wärmegenossenschaft Insolvenz anmelden.[127] Im Jahr 2022 fiel für

---

[121] Held (2024), Ziffer III.4.
[122] Gosejohann (2024).
[123] Energie & Management (2024c).
[124] Schultz (2024).
[125] Wenleder (2024).
[126] Schnell (2024).
[127] Energie & Management (2019).

rund 70 Anwohner in Wetzlar die Wärmeversorgung plötzlich aus, da die Energieanlagen Betriebsgesellschaft mbH (EAB) finanzielle Probleme hatte. Diese und technische Probleme führten zur Einstellung der Wärmeversorgung bei minus zehn Grad Außentemperatur kurz vor Weihnachten. Im Juli 2023 wurde der Insolvenzantrag für die EAB gestellt. Die Stadt Wetzlar hatte zwischenzeitlich Rechnungen bezahlt und Behelfslösungen organisiert. Auch hier stiegen viele Betroffene auf Wärmepumpen um.[128] Das Wärmenetz der EAB wurde 2024 vom Energieversorger Enwag übernommen.[129]

5. Weitere Fragestellungen im kundennahen Geschäft

Im kundennahen Geschäft der Stadtwerke sind eine Vielzahl weitere Aktivitäten anzusiedeln. Diese beinhalten auch kritische Energieinfrastruktur wie Elektromobilitätslösungen oder Dienstleistungen in Zusammenhang mit Straßenbeleuchtung. Ein Wegfall dieser Lösungen würde in den tendenziell kompetitiv geprägten Märkten durch Wettbewerber unproblematisch ersetzt werden können. Für diese Geschäftsbereiche können übliche Sanierungs- oder Abwicklungs-methoden angewandt werden, die nicht im Fokus dieser Ausarbeitung stehen.

V. Vierte Säule: Insolvenzrelevante Fragestellungen bei der quasi-kommunale Daseinsvorsorge

1. Grundlegendes

Die vierte Säule, das quasi-kommunale Geschäft der Daseinsvorsorge, wird an dieser Stelle nicht weiter diskutiert. Hintergrund ist, dass eine Einstellung des Betriebs von Schwimmbädern oder Eislaufhallen zwar für lokale Gemeinschaften schmerzhaft, aber in Summe keine gravierenden Folgen nach sich zieht.

Bezüglich des öffentlichen Personennahverkehrs, welcher vielerorts über Stadtwerke organisiert und über energienahes Geschäft querfinanziert wird, stellt sich der Sachverhalt abweichend dar. Eine Einstellung des Betriebs von Bussen, Straßen- und U-Bahnen würde zu merklichen Einschränkungen des öffentlichen Lebens führen. Der öffentliche Nahverkehr kann flächendeckend seine Kosten nicht durch Einnahmen decken.[130] Folglich würde in einer Schieflage eines Stadtwerks die Querfinanzierung zugunsten einer Deckung aus kommunalen Haushalten aufgegeben werden müssen. Dieser allenfalls indirekte Effekt auf kritische Energieinfrastruktur wird an dieser Stelle nicht weiter behandelt.

---

[128] Gottschalk (2023).
[129] Reeber (2024).
[130] Kalleicher (2022), Döring (2023), Gail (2023).

2. Praxisfälle

a) Insolvenz der Stadtwerke Wanzleben im Oktober 2014

Die Stadt Wanzleben-Börde liegt in Sachsen-Anhalt ca. 20 km westlich von Magdeburg und hat eine rückläufige Einwohnerschaft von ca. 14.000 Bürgern.[131] Die Stadt selbst ist schuldenfrei, im nicht-öffentlichen Bereich belief sich die Verschuldung 2023 auf ca. 14 Mio. €. Dies sind rund 1000 € pro Bürger.[132]

Die Stadtwerke Wanzleben beschäftigten 2012 19 Mitarbeiter und erwirtschafteten mit einem Eigenkapital in Höhe von 17.001,64 € einen Jahresüberschuss von 10.701,27 €.[133] Am 01.10.2014 wurde das Insolvenzverfahren über das Vermögen der Stadtwerke Wanzleben eröffnet.[134] Die Stadtwerke, welche zu 100 % der Stadt Wanzleben-Börde gehörten, sorgten für die lokale Wärmeversorgung und betrieben zugleich den Bauhof und ein Spaßbad.

Bauhof und Spaßbad werden seit der Insolvenz wieder direkt von der Stadt Wanzleben-Börde betrieben. Das Blockheizkraftwerk wurde von der Firma Danpower GmbH übernommen.[135] Als Ursache der Zahlungsunfähigkeit werden hohe Reparaturkosten des Blockheizkraftwerks im sechsstelligen Bereich genannt.[136]

Damit zog die Insolvenz der Stadtwerke Wanzleben relativ kleine Kreise nach sich. Dennoch ist erschreckend, dass Wartungskosten im sechs-stelligen Bereich ein Stadtwerk überfordern konnten.

b) Insolvenz der Stadtwerke Zeulenroda im Mai 2024

Die Stadt Zeulenroda-Triebes liegt im Osten Thüringens mit (Stand 2024) rund 16.000 Einwohnern.[137] Die Verschuldung pro Kopf lag 2022 bei vergleichsweise niedrigen 106 €.[138]

Die Stadtwerke Zeulenroda (nicht zu verwechseln mit den Energiewerken Zeulenroda) betreiben in Zeulenroda Sport- und Freizeitbäder mit angeschlossener Gastronomie. Durch Pandemie-bedingte Schließungen musste der städtische Gesellschafter 2021 1 Mio. € zur Aufrechterhaltung der Zahlungsfähigkeit beisteuern.[139] Andere Quellen nennen ausufernde Kosten als Ursache.[140]

Der Insolvenzantrag der Stadtwerke Zeulenroda wurde am 28.05.2024 gestellt. Zuvor hatte der Stadtrat einen weiteren Zuschuss versagt.[141] Die lokale Stromversorgung,

---

[131] Schlüer (2021).
[132] Statistisches Landesamt Sachsen-Anhalt (2023).
[133] Bundesanzeiger Stadtwerke Wanzleben (2013).
[134] Bundesanzeiger Stadtwerke Wanzleben (2019).
[135] Volksstimme (2015).
[136] Schmidt (2014).
[137] Stadt Zeulenroda-Triebes (2024).
[138] TLS (2022).
[139] Bundesanzeiger Stadtwerke Zeulenroda (2023).
[140] Energie & Management (2023a).
[141] ZfK (2024b).

sowie der Betrieb weiterer kritischer Infrastrukturen, ist hiervon unberührt – nur der Betrieb der Bäder ist eingestellt.[142] Da der Fokus der Ausarbeitung auf Insolvenzen der kritischen Energieinfrastruktur liegt, wird diese Insolvenz nur der Vollständigkeit halber kurz erwähnt.

VI. Weitere Praxisfälle von Insolvenzen in der kritischen Energieinfrastruktur

Neben den bisher erwähnten Akteuren der kritischen Energieinfrastruktur ist die Liste weiterer Unternehmen dieses Sektors mit Erfahrungen in finanziellen Schieflagen lang. Ausgewählte Firmen sollen an dieser Stelle kurz erwähnt werden.

In jüngster Vergangenheit mussten diverse Solarteure Insolvenz anmelden. Bespielhaft seien die Insolvenzen Firmen Eigensonne (Dezember 2023), Envoltec GmbH (Januar 2024), Sunvigo GmbH (März 2024), Amia Energy (April 2024), Solarnative GmbH (Juni 2024), die Fellensiek Projektmanagement GmbH & Co. KG (September 2024) oder die Adler Smart Solutions GmbH (September 2024) genannt.

Neben diesen in der Tendenz jungen und mittelständig geprägten Solarfirmen geriet im Sommer 2024 auch der BayWa-Konzern in Turbulenzen: Der Agrar-Riese, welcher mit BayWa r.e. umfangreiche Geschäftsaktivitäten in den Erneuerbaren Energien betreibt, benötigte im Juli 2024 eine Kapitalspritze in Höhe von ca 400 Mio. €.[143] Ein Gutachten fand zwei Monate später, dass der Konzern „*unter bestimmten Voraussetzungen*"[144] saniert werden kann. Insbesondere von der Energie-Tochter BayWa r.e., welche „*in einem sehr komplexen Geschäft schnell gewachsen*" sei, ohne dass „*Organisation und Risikosysteme (…) immer mitgehalten*" hätten, sollen weitere Anteile verkauft werden.[145]

Auch wenn diese Sondersituation für Kunden, Mitarbeiter und Gesellschafter einschneidend sein können, so gefährden diese Schieflagen nicht die öffentliche Versorgungssicherheit: Die Leistungen eines insolventen Solarteurs, Projektentwicklers oder Herstellers werden im Markt zügig durch Wettbewerber erbracht. Daher stehen diese nicht im Fokus der Ausarbeitung.

Krieger (2022) äußert sich kritisch zur Rettung des Energieunternehmens Uniper, welches in Folge des vertragsbrüchigen Ausbleibens russischer Gaslieferungen 2022 mit staatlicher Hilfe gerettet werden musste. Uniper wird eine hohe Systemrelevanz zugesprochen, sodass eine Insolvenz die allgemeine Versorgungssicherheit mit Gas gefährden könnte. Mehrheitsaktionär von Uniper ist die Firma Fortum, welche sich im finnischen Staatseigentum befindet. Trotz diesem solventen indirekten Eigentümer wurde mit deutschem Steuergeld Uniper gerettet, was Krieger (2022) kritisiert.

---

[142] Preißler-Buchta (2024).
[143] Handelsblatt (2024b).
[144] Handelsblatt (2024c).
[145] Handelsblatt (2024c).

D. Ausgewählte rechtsdogmatische Fragestellungen

I. Insolvenzfähigkeit von Kommunen

Ein großer Teil der kritischen Energieinfrastruktur in Deutschland befindet sich im Eigentum von Kommunen. Neben den Stadtwerken, welche in aller Regel ihre lokalen Gebietskörperschaften als Gesellschafter vorweisen, ist dies auch für größere Energiekonzerne gegeben: So befindet sich beispielsweise die EnBW AG zu 46,75 % im Eigentum des Landes Baden-Württemberg und zu weiteren 46,75 % im Eigentum verschiedener Landkreise.[1] Vor diesem Hintergrund wird im Kontext von Insolvenzszenarien der kritischen Energieinfrastruktur die Insolvenzfähigkeit von Kommunen geprüft.

Magin (2011) untersucht die Insolvenzfähigkeit von Gebiets-körperschaften in der Schweiz, den Vereinigten Staaten von Amerika, Kanada und der Tschechischen Republik sowie im deutschen Kaiserreich (an den Beispielen der Kommunen Glashütte und Niederoderwitz). Magin hält die Einführung einer kommunalen Insolvenzfähigkeit in Deutschland für nicht angebracht. Diese Haltung wird mit der Nicht-Verkäuflichkeit eines Großteils des kommunalen Vermögens sowie mit der Wahrnehmung öffentlicher Aufgaben begründet. Ein Insolvenzverfahren für Kommunen würde ferner zu Fehlanreizen für die kommunalen Verantwortlichen führen und den Zwang zur Haushaltsdisziplin aushebeln. Darüber hinaus würden sich in der Folge Kredite für Kommunen verteuern. Magin weist auf in einzelnen Bundesländern existierende Regelungen für überschuldete Kommunen hin und bezeichnet Forderungen für die Einführung einer Insolvenzfähigkeit für deutsche Kommunen als *„überflüssig"*[2] – die bestehenden Mechanismen seien nur zu vereinheitlichen und konsequent anzuwenden.

---

[1] EnBW (2024).
[2] Magin (2011), S. 225.

Wilke (2021) beleuchtet die Restrukturierung und Insolvenz von Kommunen und sieht die Gefahr, dass Gemeinden ihre auflaufenden Verbindlichkeiten nicht mehr bedienen können. Dennoch sei die Rückzahlungsfähigkeit der Kommunen bisher seitens der Kreditinstitute nicht fundiert hinterfragt worden. Gleichzeitig sind Insolvenzverfahren für Kommunen gemäß § 12 InsO i. V. m. dem jeweiligen Landesrecht ausgeschlossen. Für Wilke (2021) erwächst aus der Haushaltskrise eine Krise des kommunalen Haushaltsrechts. Vor diesem Hintergrund werden verschiedene Lösungsmöglichkeiten (unter anderem Bailouts) diskutiert und bewertet. Als Beispiel für Insolvenzen deutscher Kommunen wird die Stadt Glashütte angeführt, welche 1929 einen Konkursantrag stellen musste. Als ein Faktor dieser Entwicklung wird ein Kredit in Höhe von einer Millionen Reichsmark genannt, welcher defizitären städtischen Unternehmen zufloss. Diese konnten jedoch nicht einmal die Zinszahlungen, geschweige denn Rückzahlungen leisten. Wenige Wochen nach der Insolvenz der Stadt Glashütte musste die ostpreußische Stadt Arys (heute Orzysz) ebenfalls Konkurs anmelden. Dieses Konkursverfahren wurde nicht eröffnet, da ein Vergleich mit den Gläubigern geschlossen werden konnte. Als Faktor für den Konkurs wird eine im Verhältnis zur geringen Einwohnerzahl von 2600 Menschen für stationierte Truppen gut ausgebaute Infrastruktur, unter anderem ein Gaswerk, mit entsprechenden laufenden Kosten genannt. Wilke (2021) sieht mit Blick auf historische und systematische Erwägungen eine Insolvenzfähigkeit von Kommunen prinzipiell für annehmbar und sieht den § 12 Abs. 1 Nr. 2 InsO i. V. m. Landesrecht als abänderbar an.

Festzuhalten bleibt, dass nach derzeitiger Rechtslage ein Insolvenzverfahren über das Vermögen des Bundes, eines Landes oder einer juristischen Person des öffentlichen Rechts, die der Aufsicht eines Landes untersteht, unzulässig ist. Diese Regelung findet sich in § 12 Abs. 1 Ziffer 1 und 2 InsO. Folglich sind deutsche Kommunen derzeit nicht insolvenzfähig.

II. Die öffentliche Hand als Gesellschafter in der Energiewirtschaft

Die Rolle der öffentlichen Hand als Akteur in der Energiewirtschaft kann kritisch hinterfragt werden. Inwieweit der Staat der bessere Energieunternehmer ist, kann mit Blick auf individuelle Gegebenheiten heterogen beantwortet werden.

2015 untersucht das Institut für den öffentlichen Sektor e. V. Insolvenzen im Stadtwerkeumfeld.[3] Ausgangspunkt und Motivation sind die Insolvenz der Stadtwerke Gera im Jahr 2014, die Insolvenz der Stadtwerke Wanzleben im gleichen Jahr, der zur Rettung notwendige Notkredit der Stadt Duisburg an sein Stadtwerk in Höhe von 200 Mio. € sowie die notwendig gewordene Rettung der Stadtwerke Völklingen. Die Studie sieht darüber hinaus *„weitere Risikofälle"*[4] in Deutschland und fragt: *„Ist Gera nur der Anfang?"*.[5]

---

[3] Holler (2015).
[4] Holler (2015), S. 1, Abs. 1.
[5] Holler (2015), S. 3.

Grundlage dieser Frage sind Zweifel an der Kreditfähigkeit der Stadtwerke. Diese Zweifel erwachsen durch sinkende Rentabilität und steigende Verschuldung bei gleichzeitig hoch verschuldeten kommunalen Gesellschaftern. Für die Beurteilung der finanziellen Stabilität der Stadtwerke werden auf Kennzahlen (z. B. EBITDA-Marge, Eigenkapitalquote, Verschuldungsgrad) basierende Kategorien definiert. Von den untersuchten Stadtwerken ist die häufigste Herausforderung der Verschuldungsgrad. Die Studie mahnt eine ganzheitliche Betrachtung des Kommune-Stadtwerk-Komplexes an und konstatiert: *„Kommunen und Stadtwerke stehen und fallen gemeinsam"*.[6] Diesen Ausführungen ist zuzustimmen.

Häfner (2016) analysiert in seiner Bachelorarbeit die Finanzierungsherausforderungen von Stadtwerken. Er erwähnt die Insolvenz der Stadtwerke Gera als bis dato kaum denkbar erscheinendes Szenario, und sieht die Branche der kommunalen Energieversorger in einer schwierigen Lage. Diese Lage speise sich aus rückläufigen Umsatzentwicklungen bei gleichzeitig hohen notwendigen Neuinvestitionen. Ferner litten viele Stadtwerke unter der angespannten Haushaltslage ihrer kommunalen Eigner. Häfner hält fest, dass die Durchführung der Energieversorgung aus Sicht des Staates eine freiwillige Selbstverwaltungsaufgabe ist, zu der er nicht gesetzlich verpflichtet ist. Er sieht deutsche Energieversorger heute und auch zukünftig erheblichen Finanzierungsrisiken ausgesetzt. Bei 60 % der betrachteten Energieversorger sei der freie Cashflow negativ, insbesondere durch die hohen Ausschüttungsquoten von in der Regel über 90 %. Häfner empfiehlt den verstärkten Einsatz von Anleihen und Schuldscheindarlehen zur Finanzierung von Stadtwerken. Die Stadtwerke und der Energiemarkt befänden sich in einem anhaltenden Umbruch. In Summe sind die Ausführungen von Häfner (2016) zutreffend.

Lormes (2016) wirft die Frage auf, ob Energieversorgung eine kommunale Aufgabe sein sollte und analysiert diese Fragestellung entlang der Normenhierarchie des europäischen Mehrebenensystems: Im EU-Primärrecht fehlt eine entsprechende Aufgabenzuweisung, gleichsam bleibt nach Art. 194 Abs. 2 AEUV das Recht der Mitgliedstaaten unberührt, die allgemeine Struktur ihrer Energieversorgung zu bestimmen. Allerdings weist Art. 14 AEUV Dienstleistungen von allgemeinem wirtschaftlichem Interesse einen besonderen Stellenwert zu. Dies eröffnet eine Möglichkeit, Ausnahmeregelungen von den Binnenmarkt- und Wett-bewerbsbestimmungen einzuführen, soweit dies für die mit diesen Dienstleistungen betrauten Unternehmen für die Erfüllung ihres Auftrages notwendig ist. Hierunter wird der Energiesektor subsumiert. Diese Auslegung des Art. 14 AEUV erfolgt in einem dem AEUV beigefügten *„Protokoll über Dienste von allgemeinem Interesse"*. Dieses zählt zu den gemeinsamen Werten der Union in Bezug auf Dienste von allgemeinem wirtschaftlichem Interesse und eröffnet den weiten Ermessensspielraum nationaler, regionaler und lokaler Behörden. Im Bundesrecht könnte aus der verfassungsrechtlichen Grundlage der kommunalen Selbstverwaltung die kommunale Aufgabe *„Energieversorgung"* abgeleitet werden, da Art. 28 Abs. 2 Satz 1 GG den Gemeinden das Recht einräumt, alle Angelegenheiten der örtlichen Gemeinschaft im Rahmen der Gesetze in eigener Verantwortung zu regeln. Allerdings ist strittig, ob hierdurch nur koordinierende

---

[6] Holler (2015), S. 7.

Handlungen wie Stromkonzessionsvergaben oder auch die Erzeugung und Verteilung von Energie zu einer staatlichen Funktion bestimmt wurde – Lormes (2016) ordnet die Energieversorgung als kommunale Gewährleistungsaufgabe ein, nicht als originäre kommunale Zuständigkeit. Aus verfassungsrechtlicher Perspektive sei unstrittig, dass sich Kommunen energiewirtschaftlich engagieren dürfen. Die Rechtsgrundlage der Energiewirtschaft in Deutschland stellt das Energiewirtschaftsgesetz (EnWG) dar, welches trägerunabhängig ausgestaltet ist. Das EnWG enthält mit Ausnahme § 46 EnWG (Wegenutzungsrechts bzw. Konzessionsverträge) keine Hinweise darauf, ob die Durchführung der Energieversorgung eine private, öffentliche oder gemischtwirtschaftliche Aufgabe ist. Auch in Landesgesetzen findet keine Zuweisung der Energieversorgung in den privaten oder kommunal-öffentlichen Zuständigkeitsbereich statt. Lormes (2016) analysiert ferner Einflussfaktoren, weshalb manche Kommunen sich für ein energiewirtschaftliches Engagement entscheiden, und zählt unter anderem Einwohnerzahl, kommunalwirtschaftliche Ausgangslage sowie Mehrheits-verhältnisse im Stadtrat auf. Daran anknüpfende insolvenzrechtliche Fragestellungen werden bei Lormes (2016) nicht thematisiert. Grundsätzlich sind die Ausführungen von Lormes (2016) zu teilen.

Berlo (2017) untersucht strategische Optionen der Ruhrgebiets-Stadtwerke im Rahmen der Energiewende. Die Studie sieht diese als Schlüsselakteure der Energie- und Wärmewende. Die Autoren zeichnen ein positives Bild der Ertragslage der Ruhrgebietsstadtwerke und sprechen von „*vorbildhafte(n) Unternehmensstrategien*".[7] Mit Blick auf bisherige Insolvenzen und Schieflagen von Stadtwerken im Ruhrgebiet überrascht diese Aussage.

Wagner (2018) konstatiert, dass das deutsche Stadtwerkemodell international als Vorbild angesehen würde. Den deutschen rechtlichen Ordnungsrahmen spannt das Grundgesetz, konkret das Recht der Gemeinden auf Selbstverwaltung gemäß § 28 Abs. 2 GG auf. Als relevante Rechtsquelle wird zudem das Gesetz gegen Wettbewerbs-beschränkungen (GWB) angeführt, insbesondere §§ 97–184 GWB (Vergabe von öffentlichen Aufträgen und Förderung des Wettbewerbs). Auch im Energiewirtschaftsgesetz (EnWG) werden relevante Vorgaben, Ziele und wettbewerbliche Aspekte spezifiziert, so Wagner (2018). Bezüglich der Risiken im Zusammenhang mit der Neugründung eines Stadtwerks (Rekommunalisierung) regt Wagner (2018) eine Differenzierung zwischen Erzeugung, Verteilnetze und Vertrieb an. Nach dieser Veröffentlichung umfassen Risiken in der Energieerzeugung kurzfristig mögliche Änderungen im Energiemarktdesign bei gleichzeitig langfristigen Investitionshorizonten, Widerstände gegen den weiteren Ausbau von Windkraftwerken und mangelhafte Planungssicherheit. Die Risiken im Vertriebsbereich werden als gering bewertet: „*Das Vertriebsgeschäft bindet wenig Kapital und ist damit per se relativ risikoarm*".[8] Vor dem Hintergrund, dass viele der in dieser Ausarbeitung betrachteten Krisen im Vertrieb entstanden, erscheint diese These als wenig belastbar.

---

[7] Berlo (2017), S. 40.
[8] Wagner (2018), Ziffer 4.6.3.

Der Netzbetrieb wird von Wagner (2018) als natürliches Monopol mit sehr moderaten Verlustrisiken und attraktiven Renditen wahrgenommen. Allenfalls die Finanzierung von Netzübernahmen und der Betriebsaufbau wird, wegen fehlenden Personalressourcen und geringer Umsetzungskompetenz, als Quelle von Risiken identifiziert. In diesem Zusammenhang wird ein anderer Effekt angesprochen: Geht der bisherige Netzkonzessionär von einem Verlust ‚*seines*‘ Verteilnetzes nach der nächsten Konzessionsvergabe aus, so wird er ggf. seine Investitionen in diesem Netz einschränken. Generell wird die Rekommunalisierung als positiv wahrgenommen – sie habe „*meist zu Verbesserungen im Kundenservice, höherer Transparenz und einer stärkeren demokratischen Verankerung*"[9] geführt. Nicht zuletzt diese letzte These benötigt eine genauere Untersuchung.

Fischer (2021) betrachtet die Rechte, Pflichten sowie Haftungsrisiken im Zusammenhang mit Insolvenzen öffentlicher Unternehmen. Er stellt einen Trend hin zu mehr Ausgliederungen staatlicher Aktivitäten in Eigengesellschaften fest. Diese privatrechtlich organisierten Unter-nehmen im Allein- oder Mehrheitsbesitz der öffentlichen Hand würden verstärkt von Insolvenzen betroffen sein. Fischer spricht von einem „*Flächenbrand*".[10] Beispielhaft werden aufgezählt die Wittener Straßenbahn GmbH, die Beschäftigungsförderungs-GmbH und die Kurbetriebs-GmbH. Die Sicherstellung kommunaler Pflichtaufgaben der Daseinsvorsorge müsse allerdings gewährleistet sein, trotz der „*Flucht ins Privatrecht*".[11]

Junkernheinrich (2021) erwähnt die Insolvenz der Stadtwerke Gera als Beleg, dass die öffentliche Leistungserbringung nicht frei von Mängeln sei. Allerdings würde private Leistungserstellung heute nicht per se als effizienter eingestuft als öffentliche Angebote. Viele öffentliche Unternehmen hätten es verstanden sich so aufzustellen, dass sie im Wettbewerb bestehen können.

Schäfer (2024) sieht grundlegende Mängel in der derzeitigen Struktur und Funktionalität von kommunalwirtschaftlichen Aufsichtsgremien, unter anderem durch schwammige Zuständigkeiten, mangelhafte verbindliche Regeln zur Vergütung und Qualifikation der Aufsichtspersonen sowie Mängel hinsichtlich derer Professionalität. Daneben werden große Defizite bei der strategischen Steuerung kommunaler Unternehmungen konstatiert. Bezüglich Eigenfinanzierungsmöglichkeiten kommunaler Unternehmen wird auf die in der Regel knappen kommunalen Haushaltslagen sowie auf das Instrument der Kommunalkredite verwiesen. Letzteres wird als nicht gangbarer Weg dargestellt, falls die Kommune einem Haushaltssicherungskonzept unterliegt, da das jeweilige Landesinnenministerium einer solchen Eigenkapitalerhöhung gegen Neukreditaufnahme zustimmen müsste. Bei der Fremd-finanzierung von Kommunalunternehmen durch Kreditinstitute werden Bonitäts-respektive Kreditwürdigkeitsprüfungen hinsichtlich des berührten kommunalen Unternehmens durchgeführt. Diese könnten, beispielsweise durch zu starke Integration

---

[9] Wagner (2018), Ziffer 7.
[10] Fischer (2021), S. 255.
[11] Fischer (2021), S. 256.

politischer Ziele oder regional-begrenzte, ggf. schrumpfende Märkte, negativ ausfallen. Die potenzielle Tilgungsfähigkeit für Fremdfinanzierungen werde in Zukunft bei kommunalen Unternehmen eher ab- als zunehmen. Schäfer (2024) führt die Insolvenzen der Stadtwerke Wanzleben, Gera und Bad Belzig als Beispiele an und spricht von einem *„schmerzhaften Dämpfer"*[12] hinsichtlich der unbegrenzten Kreditwürdigkeit kommunaler Unternehmen. Dennoch wird die Insolvenz der Stadtwerke Bad Belzig als *„extrem seltene(r) Einzelfall"*[13] dargestellt und die Stabilität kommunaler Unternehmen hervorgehoben. Die Aussagen und Ableitungen von Schäfer (2024) sind zu teilen.

Eine Extremposition nimmt Buchmann (2009) ein: Sie wirft die Frage auf, *„ob ein echter Wettbewerbsmarkt im Energiesektor tatsächlich volkswirtschaftlich sinnvoll ist"*.[14] Mit Blick auf die als gelungen zu bezeichnende Marktliberalisierung und ins schweizerische Ausland erscheint diese Frage abwegig.

III. Insolvenzfähigkeit von Trägern kritischer Energieinfrastrukturen

Mit Insolvenzfähigkeit wird die Fähigkeit bezeichnet, Schuldner eines Insolvenzverfahrens sein zu können.[15] Nach den Regelungen des § 11 Abs. 1 S. 2 InsO kann über das Vermögen jeder natürlichen und jeder juristischen Person ein Insolvenzverfahren eröffnet werden.

In der Literatur ist unstrittig, dass privatrechtlich organisierten Stadtwerken oder anderen Trägern kritischer Energieinfrastrukturen damit der Weg in Insolvenzverfahren eröffnet ist. So bejaht Fischer (2021) die Insolvenzfähigkeit *„insbesondere für die privatrechtlich organisierten Eigengesellschaften in öffentlicher Trägerschaft"*.[16] Cranshaw (2007) spricht von einer Selbstverständlichkeit, mit der privatrechtlich organisierte unternehmerische Aktivitäten der öffentlichen Hand dem Insolvenzverfahren unterworfen sind.[17] Auch nach Röger (2005) führt die privatrechtliche Form eines kommunalen Wirtschaftsbetriebs stets zur Insolvenzfähigkeit der Gesellschaft. Dem pflichtet Buchmann (2009) bei: Nach der Trennungslehre muss Gesellschaft und Gesellschafter separat betrachtet werden. Daher sei es für die Insolvenzfähigkeit der kommunalen Eigengesellschaft unerheblich, ob der (kommunale) Gesellschafter insolvenzunfähig ist: *„Unabhängig von der Frage, ob der Gesellschafter eines Unternehmens nicht insolvenzfähig ist, spielt dies für die von ihm beherrschte Gesellschaft keine Rolle"*.[18] Für Buchmann (2009) spielt

---

[12] Schäfer (2024), Ziffer 9.6.2.
[13] Schäfer (2024), S. 363.
[14] Buchmann (2009), S. 242.
[15] Keller (2020), Rn. 142.
[16] Fischer (2021), S. 256.
[17] Cranshaw (2007), Rn. 166a.
[18] Buchmann (2009), S. 94.

zudem keine Rolle, ob es sich bei dem Unternehmens-gegenstand um eine Pflichtaufgabe der Gemeinde oder eine freiwillige Dienstleistung handelt: Ein privatrechtlich organisiertes Unternehmen, unabhängig von seinen Eigentümern, sei immer insolvenzfähig.[19] Darüber hinaus bleibt der Fakt festzuhalten, dass bereits eine gewisse Anzahl von privatrechtlich organisierten Energieversorgern Insolvenz angemeldet haben und die entsprechenden Insolvenzanträge von den zuständigen Gerichten angenommen wurden.

Daneben ist die Frage zu diskutieren, inwieweit kommunale Eigen-betriebe ohne Rechtspersönlichkeit insolvenzfähig sind. § 12 Abs. 1 Ziffer 1 und 2 InsO legt fest, dass Insolvenzverfahren über das Vermögen des Bundes, eines Bundeslandes oder einer juristischen Person des öffentlichen Rechts unzulässig sind. Fraglich ist, inwieweit diese Insolvenzunfähigkeit sich auf kommunale Eigenbetriebe und rechtlich unselbstständige Anstalten des öffentlichen Rechts erstreckt. Cranshaw (2007) sieht die Insolvenz*un*fähigkeit bei kommunalen Eigenbetrieben ohne Rechtspersönlichkeit klar gegeben, da diese einer insolvenzunfähigen rechtsfähigen Organisation (der Kommune) angehören.[20] Diesen Ausführungen ist zuzustimmen.

Folglich ist die Insolvenzfähigkeit bei Trägern kritischer Energieinfrastrukturen gegeben, sobald diese privatrechtlich organisiert sind. Kommunale Eigenbetriebe ohne Rechtspersönlichkeit sind hingegen nicht insolvenzfähig.

IV. Beihilferechtliche Zulässigkeit staatlicher Sanierungsunterstützung

Beihilfen sind staatliche Finanzmittel, die einem Unternehmen übereignet werden. Beihilfen sind unter anderem Schuldenerlasse, verbilligte Kreditgewährung, Bürgschaften, Steuervergünstigungen oder die Bereitstellung von Leistungen oder Nutzungsrechten zu marktunüblichen Konditionen.[21] Art. 107 III lit c AEUV ermöglicht es, diejenigen staatlichen Beihilfen zu genehmigen, die legitim und mit den Förderzielen der Union kompatibel sind.[22]

Rettungsbeihilfen sind vorübergehende Unterstützungsmaßnahmen, die ein in Schieflage geratenes Unternehmen so lange unterstützen sollen, bis ein Umstrukturierungs- oder Liquidationsplan vorliegt.[23] Eine Rettungsbeihilfe darf hierbei einer Gesellschaft nur einmalig gewährt werden.[24] Die Rettungsbeihilfe darf nur so hoch sein, wie es erforderlich ist, das Unternehmen sechs Monate weiterzuführen.[25] Weitere Regelungen finden sich in

---

[19] Buchmann (2009), S. 94.
[20] Cranshaw (2007), Ziffer 168.
[21] Geiger (2023), Rn. 8 ff.
[22] Dauses/Ludwigs (2024), Rn. 32.
[23] Grabitz (2024), Rn. 272.
[24] Grabitz (2024), Rn. 273.
[25] Schröter (2024), Rn. 1097.

den ‚*Leitlinien für staatliche Beihilfen zur Rettung und Umstrukturierung nichtfinanzieller Unternehmen in Schwierigkeiten*' der Europäischen Kommission.[26]

Das Beihilferecht, so Buchmann (2009), findet in einer Notsituation, in welcher sich die Gewährleistungsverantwortung des Staates in eine Leistungsverantwortung wandelt, keine Anwendung. Außerhalb einer solchen Notsituation sei es der öffentlichen Hand nicht gestattet, vergangene Verluste auszugleichen – die Beihilfe darf ausschließlich zukunftsbezogen sein.

Die Unternehmens- und Wirtschaftsprüfungsgesellschaft EY beleuchtet aus Anlass der Geschehnisse des Jahres 2022 beihilferechtliche Maßgaben für den Ausgleich von Defiziten bei kommunalen Gasversorgern.[27] Die Veröffentlichung spricht von „*beträchtlichen Liquiditätsproblemen*"[28] durch die Verwerfungen an den Energiemärkten in jenem Jahr. Kommunen müssen „*je nach Leistungsfähigkeit*"[29] dazu beitragen, ihre Stadtwerke zu stabilisieren. Grundlage der Prüfung sei das in Art. 107 Abs. 1 AEUV verankerte Beihilfeverbot. Finanzielle Hilfestellungen kommunaler Eigner gegenüber den Stadtwerken müssen im Einklang mit dieser Regelung stehen. Hierfür müsse die kommunale Maßnahme einem Drittvergleich standhalten, d. h. zu Konditionen erfolgen, zu denen auch ein unabhängiger Investor sich engagiert hätte – der sogenannte Private Investor Test (PIT). Diese Prüfung müsse vor der Maßnahme erfolgen und dokumentiert werden. Gerechtfertigt werden können Beihilfen als Ausgleich für eine Dienstleistung im Allgemeinem wirtschaftlichen Interesse, zum Beispiel wenn Marktpreissteigerungen nicht direkt an Endkunden weitergegeben werden und dieser für das Stadtwerk entstehende Verlust durch öffentliche Mittel ausgeglichen wird.

Die Ausführungen verdeutlichen, dass staatliche Unterstützungen für Träger kritischer Energieinfrastrukturen beihilferechtlich im Detail und im Einzelfall geprüft werden müssen. Auf diesen Sachverhalt weist auch Cranshaw hin.[30] Festzuhalten bleibt: Nicht in jeder Konstellation darf die öffentliche Hand (auch) ihre Unternehmen ‚*retten*'.

V. Nachschusspflichten bei privatrechtlich organisierten Energieversorgern

Nach den Regelungen des § 26 GmbHG können im Gesellschaftsvertrag Nachschusspflichten vereinbart werden. Nachträglich ist dies nur mit dem Einverständnis aller Gesellschafter möglich.[31] Daneben steht es Gesellschaftern grundsätzlich offen, freiwillig weiteres Kapital in ihre Gesellschaft einzubringen.

---

[26] Europäische Kommission (2014).
[27] EY (2022).
[28] EY (2022), Abs. 1.
[29] EY (2022), Abs. 1.
[30] Cranshaw (2007), Rn. 168.
[31] OGH 6 Ob 47/11x.

V. Nachschusspflichten bei privatrechtlich organisierten Energieversorgern

Im Falle privatrechtlich organisierter Träger kritischer Energieinfrastrukturen im Eigentum der öffentlichen Hand stellt sich die Frage, ob aus grundlegenden Rechtsprinzipien eine Nachschuss- und Insolvenzabwendungspflicht hergeleitet werden kann. Eine solche Pflicht könnte aus Art. 28 Abs. 2 GG, aus der Pflicht zur Sicherstellung kommunaler Pflichtaufgaben und der sogenannten Ingerenzpflicht abgeleitet werden.

Die Ingerenzpflicht verpflichtet die Kommune, privatrechtlich betriebene Unternehmen in ihrem Eigentum so zu kontrollieren, dass durch das öffentliche Recht bestimmte besondere rechtliche Bindungen sichergestellt werden.[32] Daneben ist es denkbar, Nachschuss- und Insolvenzabwendungspflichten auch aus energierechtlichen Sachverhalten abzuleiten.

Eine solche Verpflichtung wird in der Literatur allerdings in der Breite verneint: So hält Fischer (2021) fest, dass eine gesetzliche Insolvenzabwendungspflicht für Eigengesellschaften in öffentlicher Trägerschaft nicht besteht.[33] Er verneint eine „*vertragsähnliche Haftung*"[34] für die Übernahme eingetretener Verluste und begründet dies mit einer fehlenden gesetzlichen Grundlage. Konkret verpflichte § 707 BGB, §§ 26, 27 GmbHG die Gesellschafter eben gerade nicht zu einem Nachschuss für eingetretene Verluste. Ein Durchgriff auf einzelne Gesellschafter von Kapitalgesellschaften sei eine absolute Ausnahme. Diese Ausnahmen seien insbesondere auf Fälle beschränkt, in dem eine Vermögensvermischung zwischen insolventer Gesellschaft und dem Privatvermögen des Gesellschafters stattgefunden hat. Bislang existiere kein einziger Fall, in dem eine Nachschusspflicht der öffentlichen Hand im Falle einer insolventen Eigengesellschaft von der Rechtsprechung bestätigt wurde.

Auch Cranshaw (2007) sieht kein vom allgemeinen Insolvenzrecht abweichendes Sonderinsolvenzrecht für privatrechtlich organisierte kommunale Unternehmen. Eine Nachschusspflicht würde zudem die rechtsformbedingten Haftungsbeschränkungen aufheben und zu Wettbewerbsverzerrungen bei der Kreditvergabe führen.[35]

Schirrmacher (2019) leuchtet diese Fragestellung im Detail aus und kommt zum gleichen Ergebnis. Auch Buchmann (2009) prüft die rechtlichen Hintergründe und regt an, mögliche Rettungspflichten im Netzbetrieb und in der Energieversorgung aufgrund der in § 7 EnWG vorgeschriebenen Trennung von Netzbetrieb und Versorgung getrennt zu betrachten. In der Tendenz werden Rettungspflichten durch die öffentliche Hand bei kommunalen Energieversorgern verneint, „*kommt jedoch [aus dem Sozialstaatsprinzip folgend und für den Netzbetrieb, nicht die Energieversorgung] (…) als letzte Maßnahme zur Sicherung des Systems in Betracht*", „*wenn unmittelbar eine Gefahr für die Sicherheit der Versorgung droht*".[36]

---

[32] Jasch (2005).
[33] Fischer (2021), S. 263.
[34] Fischer (2021), S. 257.
[35] Cranshaw (2007), Ziffer 173a.
[36] Buchmann (2009), S. 216.

Diesen Ausführungen ist zuzustimmen: Ein öffentlicher Eigentümer hat keine Nachschusspflichten für seine privatrechtlich organisierten Unternehmungen. Allerdings muss das Gemeinwohl und die gesamtgesellschaftlichen Schäden einer Insolvenz in der kritischen Infrastruktur im Blick behalten werden.

VI. Durchgriffs- und Existenzvernichtungshaftung

Grundsätzlich gilt nach den Regelungen des § 13 Abs. 2 GmbHG sowie § 1 Abs. 1 S. 2 AktG: Für die Verbindlichkeiten einer Gesellschaft haftet den Gläubigern derselben nur das Gesellschaftsvermögen. Kommt es zu einer Durchgriffshaftung, wird diese Haftungsbegrenzung überwunden.[37] Hierdurch kann der Gesellschafter persönlich, unbeschränkt, gesamtschuldnerisch und mit seinem gesamten Vermögen haften.

Zur Durchgriffshaftung gibt es keine gesetzliche Regelung. Sie wurde als Rechtsinstitut von Rechtsprechung und der juristischen Literatur zum Schutz eines redlichen Geschäftsverkehrs entwickelt.[38]

Dabei gilt, dass die Durchgriffshaftung eine Ausnahme darstellt.[39] Grundsätzlich greift das Trennungsprinzip und eine Abweichung von dieser Grundregel ist nur in eng begründeten Ausnahmefällen zulässig. Solche Ausnahmen sind beispielsweise bei Ein-Mann-GmbHs, deren einziger Zweck die rechtliche Absicherung der dahinterstehenden natürlichen Person ist. In der Rechtsprechung wurde (historisch) die Durchgriffshaftung auch bejaht bei existenzvernichtenden Eingriffen, Institutsmissbrauch (Einsatz von Strohmännern), Unterkapitalisierung bei Gründung, Vermögensmischung (das Vermögen von Gesellschaft und Gesellschafter kann nicht hinreichend separiert werden)[40] und wirtschaftlicher Identität (Beherrschung durch anderes Unternehmen).

Unterschieden wird zwischen der echten Durchgriffshaftung, welche bei Verstößen gegen das GmbHG Anwendung findet und durch welche den Gesellschaftern das Haftungsprivileg entzogen wird. Daneben gibt es die unechte Durchgriffshaftung in Form von Bürgschaftsverträgen. In diesem Fall geben die Gesellschafter formal freiwillig die Haftungsbegrenzung auf.

In der kritischen Energieinfrastruktur erscheinen die Ausnahmetatbestände der Ein-Mann-GmbH und des Institutsmissbrauchs als unwahrscheinlich. Auch eine Vermögensmischung zwischen einem privatrechtlich organisierten Energieversorger und einem zum Beispiel kommunalen Haushalt stellt kein übermäßig realistisches Szenario dar, könnte aber mit Blick auf die Insolvenz der bmp greengas (bis kurz vor dem Insolvenzantrag im

---

[37] MHLS (2023), Rn. 162.
[38] Wünscher (2014), Ziffer 3.1.4.
[39] Henssler/Strohn/Verse (2024), Rn. 36.
[40] Saenger/Inhester (2024), Rn. 100.

VI. Durchgriffs- und Existenzvernichtungshaftung

Cashpooling des EnBW-Konzerns) geprüft werden. Mit Blick auf die Investitionsbedarfe der Energiewende könnte der Tatbestand der Unterkapitalisierung näher betrachtet werden, was an dieser Stelle zu weit führen würde.

Wahrscheinlicher ist der Tatbestand eines existenzvernichtenden Eingriffs. Nach einem Urteil des BGHs[41] greift die „*Existenzvernichtungshaftung*" bei missbräuchlichen, zur Insolvenz der Gesellschaft führenden oder diese vertiefenden kompensationslosen Eingriffen in das Gesellschaftsvermögen.

Ein solcher liegt nach Ansicht des BGHs[42] vor, wenn die Gesellschaft durch betriebsfremden, kompensationslosen Vermögensentzug in die Gefahr der Insolvenz gerät. Hierunter fällt die Erhöhung von Verbindlichkeiten. Daher könnte argumentiert werden, dass eine Durchgriffshaftung entstehen könnte, wenn ein Gemeinderat sein privatrechtlich organisiertes Stadtwerk zum Beispiel zum Bau und Betrieb eines unwirtschaftlichen Schwimmbades oder zur Organisation des defizitären öffentlichen Nahverkehrs verpflichtet. In Summe erscheint diese Herleitung allerdings wenig belastbar.

Abschließend sei kurz die Rechtsscheinshaftung wegen Verstößen gegen § 35a GmbHG erwähnt. Diese greift bei einem Fehlen des notwendigen Hinweises auf die Haftungsbeschränkung. Auch diese Konstellation sollte in der kritischen Energieinfrastruktur sehr unwahrscheinlich sein.

---

[41] BGH, Urteil vom 16.7.2007 (II ZR 3/04).
[42] BGH, Urteil vom 13.2.2013 (II ZR 46/13).

E. Zusammenfassung, Lehren und Fazit

Diese Arbeit betrachtete schlaglichtartig das Spannungsfeld zwischen Insolvenz- und Energierecht mit besonderer Betrachtung von Träger kritischer Energieinfrastrukturen in Sondersituationen. Festzuhalten bleibt, dass in vielen denkbaren und zum Teil auch bereits eingetretenen Situationen das grundlegende Ziel des Insolvenzrechts, der Schutz der Gläubiger, und die Prinzipien des Energierechts, vornehmlich die Gewährleistung der Versorgungssicherheit, nicht deckungsgleich sind.

Mit Blick auf die betrachteten Insolvenzen in der kritischen Energieinfrastruktur und die diskutierten möglichen weiteren Szenarien werden folgende zehn Thesen zusammenfassend aufgestellt:

1. **Insolvenzen in der kritischen Energieinfrastruktur werden sich normalisieren und häufen**. Dies liegt zum einen in der zunehmenden Dezentralisierung begründet, die auch tendenziell kleinere und finanziell schwächer aufgestellte Akteure in kritische Energieinfrastrukturen einbindet. Beispielhaft seien Reservekraftwerke genannt, welche in der Vergangenheit häufig von großen Energieversorgern betriebene Kohlekraftwerke waren, perspektivisch aber durch Großbatteriespeicher in Investoren-hand ersetzt werden müssen. Daneben wird insbesondere die Wärmewende eine Vielzahl relativ kleiner Betreibergesellschaften hervorbringen, welche Verluste und unvorhergesehene Kosten in ihren Wärmenetzen weniger gut tragen können. Allgemein sind die Investitionsbedarfe in der kritischen Energieinfrastruktur stark angewachsen, wodurch selbst etablierte Versorger an Grenzen stoßen könnten. Zu dieser Gemengelage kommen politisch unstete Entscheidungen (Beispiel: Gewinnabschöpfung und Strompreisdeckel) bei immer noch ansteigender Bürokratisierung. Hierdurch steigt die Wahrscheinlichkeit von Unternehmensschieflagen in diesem Sektor.

2. **Lösungen in Sondersituationen liegen häufig in Partnerschaften.** Diese sind frühzeitig, idealerweise bereits vor Eintritt der Krise, zu koordinieren. Stadtwerke und weitere Akteure der kritischen Energieinfrastruktur müssen sich konstant fragen, welche Tätigkeiten dauerhaft intern und eigenständig bewältigt werden können, und bei welchen Aktivitäten dies wirtschaftlich nicht abbildbar ist. Entsprechende Partnerschaften können mit benachbarten Häusern oder überregionalen Zusammenschlüssen eingegangen werden. Für beide Wege gibt es eine Reihe von Positivbeispielen.
3. **Im Bedarfsfall sind Restrukturierungsspezialisten so früh wie möglich einzubinden.** Ist bei einem Träger kritischer Energieinfrastrukturen eine Schieflage erkannt worden, erhöht die frühzeitige Einbindung von Experten die Überlebenswahrscheinlichkeit, ermöglicht den neutralen Blick von außen und entlastet die operativ Verantwortlichen. Es ist davon auszugehen, dass operativ Verantwortliche in Schieflagen schnell an fachliche und zeitliche Grenzen stoßen werden.
4. **Unternehmen der kritischen Energieinfrastruktur sollten eine Minimalgröße nicht unterschreiten.** Ein Träger kritischer Energieinfrastrukturen mit einer geringen Bilanzsumme und wenigen (personellen oder finanziellen) Redundanzen ist im Vergleich zu einem größeren, diversifiziert aufgestelltem Unternehmen einem höheren Risiko einer wirtschaftlichen Schieflage ausgesetzt. Die betrachteten Insolvenzen der Stadtwerke Wanzleben und der Fernwärmebetreiber verdeutlichen diesen Zusammenhang: Die Beträge, welche in Wanzleben die Insolvenz nach sich zog, waren ‚nur' sechsstellig. Solche Beträge können im Betrieb komplexer Infrastrukturen schnell aufgerufen werden. Auch fehlende Redundanzen im Personal respektive die Gewinnung von Personal könnten kleinere Unternehmungen vor Herausforderungen stellen, die ihren Fortbestand gefährden.
5. **Die Krisenkommunikation will gut durchdacht sein.** Neben den untersuchten und bekannten Krisen wurden in den letzten Jahren wohl eine größere Anzahl kommunaler Stadtwerke mit Sondersituationen konfrontiert. Kommunale Eigentümer verfügen im Dickicht der Kameralistik über Möglichkeiten, notwendige Rettungsaktionen weitgehend geräuschlos durchzuführen. Handelnde, die wie der Bürgermeister der Stadt Bad Säckingen (Aufsichtsratsvorsitzende der Stadtwerke Bad Säckingen) Rettungsmaßnahmen öffentlich kommuniziert haben, waren sich im Nachhinein über den Nutzen dieser Transparenz nicht ganz sicher.

    In diesem Zusammenhang muss erwähnt werden, dass nur Vertreter der Stadtwerke Bad Säckingen und Bad Belzig für ein Gespräch zur Verfügung standen. Anfragen an diverse andere Häuser und Eigentümer wurden mit verschiedenen Begründungen abgelehnt oder gänzlich unbeantwortet gelassen.
6. **Das quasikommunale Geschäft muss transparent quer-finanziert werden.** In der Betrachtung der wirtschaftlichen Stärke oder Schwäche eines Trägers kritischer Energieinfrastrukturen muss klar zwischen gewinnorientierten Aktivitäten und kommunaler Daseinsvorsorge getrennt werden. Die Kosten des quasikommunalen Geschäfts sollten transparent dargestellt werden und idealerweise buchhalterisch ge-

trennt werden. Dies kann beispielsweise über Konzessionsmodelle oder separierte Legaleinheiten geschehen. Hierdurch könnte die Kreditwürdigkeit steigen sowie weitere, gegebenenfalls benötigte Finanzierungsvehikel gangbar werden.

7. **Schutzschirm- und Insolvenzverfahren helfen auch in der kritischen Energieinfrastruktur aus unliebsamen Verträgen.** Das Insolvenzrecht ist grundsätzlich auf die privatrechtlich organisierten Energieversorgungsunternehmen anwendbar. Wenn eine Sondersituation von (einzelnen) unwirtschaftlichen Verträgen verursacht wird, sollten die entsprechenden Instrumente der einseitigen Vertragsänderung entschlossen genutzt werden. In manchen Fällen mag auch die glaubwürdige Drohung mit einem Insolvenzantrag bereits ausreichend sein.
8. **Hohe Risiken erfordern ein effektives Risikomanagement.** In der kritischen Energieinfrastruktur werden an vielen Stellen hohe Beträge unter Risiko bewegt, investiert oder können durch Nachschusspflichten abgerufen werden. Mit Blick auf die betrachteten (Beinahe-)Insolvenzen bleibt festzuhalten, dass ein effektives Risikomanagement vielfach sehr hilfreich gewesen wäre. Inwieweit ein ausschließlich durch politische Amtsträger besetzter und in der Regel fachfremder Aufsichtsrat risikofreudige Geschäftsführer effektiv überwachen kann, erscheint fraglich.
9. **Harte Sanierungen sind auch bei Stadtwerken möglich.** Ein Beispiel hierfür sind die Stadtwerke Cottbus, welche sich unter anderem mit einer massiven Senkung der Personalkosten saniert haben. Trotz zu beachtende Wechselwirkungen mit energierechtlichen Prinzipien kann der Methodenkoffer einer Unternehmenssanierung auch in diesem Umfeld angewandt werden.
10. **Auch in der kritischen Energieinfrastruktur ist Scheitern erlaubt.** Nicht jedes gescheiterte Unternehmen muss, kann und darf gerettet werden. Häufig können Marktbegleiter verhältnismäßig einfach Infrastrukturen und Kunden übernehmen. Eine politisch mehr oder weniger explizit formulierte Bereitschaft, unter allen Umständen kommunale Versorgungsunternehmen zu retten, setzt falsche Anreize in diesen Firmen und sollte kommunikativ unterlassen werden.

Im Rahmen dieser Arbeit konnte nur ein Überblick sowie punktuelle Diskussionen einzelner Aspekte im Spannungsfeld des Energie- und Insolvenzrechts behandelt werden. Es wurde deutlich, dass diese Materie eine große Anzahl an in die Tiefe gehenden, juristischen Betrachtungen ermöglicht.

Abschließend sei auf die reinigende und schöpferische Funktion von Unternehmenskrisen verwiesen, welche in folgendem Bonmot treffend zusammengefasst werden:
Never let a good crisis go to waste.
Winston Churchill

Literatur- und Quellenverzeichnis

1KOMMA5°, Firmenwebseite, Pressemitteilung, „Solandeo verlässt Insolvenzverfahren und erhält Großauftrag von 1KOMMA5°", 28.6.2024, online verfügbar: https://1komma5grad.com/de/magazin/pressemitteilungen/solandeo-verlaesst-insolvenzverfahren-und-erhaelt-grossauftrag-von-1komma5, aufgerufen am 10.10.2024.

50,2 online, Verlagswebseite, 12.4.2023, „Discovergy: Neuer Anlauf nach Insolvenz", online verfügbar: https://www.50komma2.de/metering/discovergy-neuer-anlauf-nach-insolvenz/#:~:text=12.04.2023%20%E2%80%93%20Im%20Insolvenzverfahren%20in,April%202023%20rechtskr%C3%A4ftig, aufgerufen am 4.10.2024.

Agora Energiewende, Organisationswebseite, „Report on the Polish power system", August 2018, online verfügbar; https://www.agora-energiewende.de/fileadmin/Projekte/2018/CP-Polen/Agora-Energiewende_report_on_the_Polish_power_system_WEB.pdf, aufgerufen am 10.10.2024.

BAFA, Bundesamt für Wirtschaft und Ausfuhrkontrolle, Behördenwebseite, „Analyse der Regulierungsanforderungen an einen Drittnetzzugang für Wärmenetze", 19.12.2022, online verfügbar: https://www.bfee-online.de/SharedDocs/Kurzmeldungen/BfEE/DE/Effizienzpolitik/221214_regulierungsanforderungen_waermenetze.html, aufgerufen am 10.10.2024.

BBL, Firmenwebseite, „Insolvenzplan bestätigt/BBL begleitet Remondis beim Erwerb der Stadtwerke Bad Belzig", 23.12.2022, online verfügbar: https://www.bbl-law.com/insolvenzplan-bestaetigt-bbl-begleitet-remondis-beim-erwerb-der-stadtwerke-bad-belzig/, aufgerufen am 1.10.2024.

BDEW, Verbandswebseite, „Price-Cap-Regulation und Entflechtung im Fernwärmemarkt sind nicht zielführend", 1.7.2024, online verfügbar: https://www.bdew.de/presse/presseinformationen/price-cap-regulation-und-entflechtung-im-fernwaermemarkt-sind-nicht-zielfuehrend/, aufgerufen am 10.10.2024.

BDEW, Studie, Verbandswebseite, „Wie heizt Deutschland 2023? BDEW-Studie zum Heizungsmarkt", Dezember 2023, online verfügbar: https://www.bdew.de/media/documents/231221-BDEW-WHD2023.pdf, aufgerufen am 10.10.2024.

BDEW, Verbandswebseite, Juni 2020, „Energiemarkt Deutschland 2020", online verfügbar: BDEW_Energiemarkt_Deutschland_2020.pdf, aufgerufen am 10.10.2024.

Beckermann, A., Dissertation, „Der Grundversorger in der Insolvenz – Vereinbarkeit von Versorgungssicherheit und Gläubigerbefriedigung", Dissertation an der Universität zu Köln, Nomos Verlagsgesellschaft mbH & Co. KG, ISBN 9783845213408, 2009.

Berlo, Kurt, et al. *Strategische Optionen der Ruhrgebiets-Stadtwerke im Rahmen der Energiewende: Beurteilung der aktuellen Situation*. No. 10. Wuppertal Report, Wuppertal Institut für Klima, Umwelt, Energie, Wuppertal, https://nbn-resolving.de/urn:nbn:de:bsz:wup4-opus-672552017, 2017.

Beutler, A., Die Zeit, 23.10.2022, „Stadtwerke in der Energiekrise", online verfügbar: Stadtwerke in der Energiekrise: „Das Theater um die Gasumlage hat uns über zehntausend Euro gekostet"|ZEIT ONLINE, aufgerufen am 10.10.2024.

bmp, Firmenwebseite, „Gemeinsam handeln für eine grüne Zukunft!", 2024a, online verfügbar: https://www.bmp-greengas.com/de/, aufgerufen am 10.10.2024.

bmp, Firmenwebseite, „Insolvenzverfahren der bmp greengas GmbH aufgehoben", 14.3.2024b, online verfügbar: https://www.bmp-greengas.com/de/insolvenzverfahren-bmp-greengas-aufgehoben/, aufgerufen am 10.10.2024.

BMWK, Behördenwebseite, „Gesetzeskarte für das Energieversorgungssystem", 2024, online verfügbar: https://www.energiewechsel.de/KAENEF/Redaktion/DE/Publikation/2021/plakat-gesetzeskarte.html, aufgerufen am 10.10.2024.

BNetzA, Behördenwebseite, „Liste der Tätigkeitsbeendigungen von Energielieferanten", Mai 2024a, online verfügbar: https://www.bundesnetzagentur.de/SharedDocs/Downloads/DE/Sachgebiete/Energie/Unternehmen_Institutionen/HandelundVertrieb/LieferantenAnzeige/Beendigungsliste.pdf?__blob=publicationFile&v=8, aufgerufen am 10.10.2024.

BNetzA, Behördenwebseite, „Messwesen", 2024b, online verfügbar: https://www.bundesnetzagentur.de/DE/Fachthemen/ElektrizitaetundGas/NetzzugangMesswesen/Mess-undZaehlwesen/start.html, aufgerufen am 10.10.2024.

BNetzA, Bundesnetzagentur, Behördenwebseite, „Kosten/Leistungen", 2024c, online verfügbar: https://www.bundesnetzagentur.de/DE/Vportal/Energie/Metering/Kosten_table.html, aufgerufen am 10.10.2024.

BNetzA, Bundesnetzagentur, Behördenwebseite, „Netzreserve/Reservekraftwerksleistung", 2024d, online verfügbar: https://www.bundesnetzagentur.de/DE/Fachthemen/ElektrizitaetundGas/Versorgungssicherheit/Netzreserve/start.html, aufgerufen am 10.10.2024.

Brand, S., Veröffentlichung, „Paradigmenwechsel in der Kommunalfinanzierung: Der lange Schatten der Finanzkrise.", Wirtschaftsdienst 95.1, 2015.

Brickwedde, W., Veröffentlichung, „Electricity supply in the insolvency of a customer; Stromlieferung in der Insolvenz des Kunden", *Recht der Energiewirtschaft*, 2012.

BSI, Behördenwebseite, online verfügbar: https://www.bsi.bund.de/DE/Themen/KRITIS-und-regulierte-Unternehmen/Kritische-Infrastrukturen/Allgemeine-Infos-zu-KRITIS/allgemeine-infos-zu-kritis.html, aufgerufen am 4.10.2024.

Literatur- und Quellenverzeichnis

Buchmann, F., Veröffentlichung, „Kommunale Energieversorgungsunternehmen in der Krise", Nomos Verlagsgesellschaft mbH & Co. KG, 2009.

Bund der Energieverbraucher, Verbandswebseite, „Unterlassungsklagen des vzbv gegen zwei Fernwärmeanbieter", 21.8.2024, online verfügbar: https://www.energieverbraucher.de/de/preiserhoehungen-legal-__620/#con-19371, aufgerufen am 10.10.2024.

Bundesagentur für Arbeit, behördliche Webseite, „Willkommen bei der Statistik der Bundesagentur für Arbeit! Gera, Stadt", online verfügbar: https://statistik.arbeitsagentur.de/Auswahl/raeumlicher-Geltungsbereich/Politische-Gebietsstruktur/Kreise/Thueringen/16052-Gera-Stadt.html, aufgerufen am 1.10.2024.

Bundesanzeiger Flensburger Förde Energiegesellschaft mbH, Bundesanzeiger, „Flensburger Förde Energiegesellschaft mbH – Flensburg – Jahresabschluss zum Geschäftsjahr vom 01.01.2011 bis zum 31.12.2011", 30.3.2012, online verfügbar: https://www.bundesanzeiger.de/pub/de/suchergebnis?6, aufgerufen am 1.10.2024.

Bundesanzeiger Stadtwerke Bad Belzig, „Jahres- und Tätigkeitsabschluss nach EnWG zum Geschäftsjahr vom 01.01.2021 bis zum 31.12.2021", 12.6.2023, online verfügbar: https://www.bundesanzeiger.de/pub/de/suchergebnis?6, aufgerufen am 1.10.2024.

Bundesanzeiger Stadtwerke Bad Säckingen, „Jahres- und Tätigkeitsabschluss nach EnWG zum Geschäftsjahr vom 01.01.2021 bis zum 31.12.2021", online verfügbar: https://www.bundesanzeiger.de/pub/de/suchergebnis?6, aufgerufen am 1.10.2024.

Bundesanzeiger Stadtwerke Cottbus, Bundesanzeiger, „Stadtwerke Cottbus GmbH – Cottbus/Chósebuz – Jahres- und Tätigkeitsabschluss nach EnWG zum Geschäftsjahr vom 01.01.2021 bis zum 31.12.2021", 7.6.2022, online verfügbar: https://www.bundesanzeiger.de/pub/de/suchergebnis?6, aufgerufen am 1.10.2024.

Bundesanzeiger Stadtwerke Cottbus, Bundesanzeiger, „Stadtwerke Cottbus GmbH – Cottbus – Jahresabschluss zum 31. Dezember 2005", 7.3.2007, online verfügbar: https://www.bundesanzeiger.de/pub/de/suchergebnis?6, aufgerufen am 1.10.2024.

Bundesanzeiger Stadtwerke Sigmaringen, Bundesanzeiger, „Stadtwerke Sigmaringen GmbH – Sigmaringen – Jahres- und Tätigkeitsabschluss nach EnWG zum Geschäftsjahr vom 01.01.2021 bis zum 31.12.2021", 1.2.2023, online verfügbar: https://www.bundesanzeiger.de/pub/de/suchergebnis?6, aufgerufen am 1.10.2024.

Bundesanzeiger Stadtwerke Wanzleben, Bundesanzeiger, „Stadtwerke Wanzleben Gesellschaft mit beschränkter Haftung – Wanzleben – Jahresabschluss zum Geschäftsjahr vom 01.01.2012 bis zum 31.12.2012", 15.3.2013, online verfügbar: https://www.bundesanzeiger.de/pub/de/suchergebnis?6, aufgerufen am 1.10.2024.

Bundesanzeiger Stadtwerke Wanzleben, Bundesanzeiger, „Stadtwerke Wanzleben Gesellschaft mit beschränkter Haftung – Wanzleben – Jahresabschluss zum Geschäftsjahr vom 01.01.2014 bis zum 01.10.2014", 3.7.2019, online verfügbar: https://www.bundesanzeiger.de/pub/de/suchergebnis?6, aufgerufen am 1.10.2024.

Bundesanzeiger Stadtwerke Zeulenroda, Bundesanzeiger, „Jahresabschluss zum Geschäftsjahr vom 01.01.2021 bis zum 31.12.2021", 12.6.2023, online verfügbar: https://www.bundesanzeiger.de/pub/de/suchergebnis?6, aufgerufen am 1.10.2024.

Bundesnetzagentur/Bundeskartellamt, behördliche Webseite, 29.11.2023, „Monitoringbericht 2023", online verfügbar: https://www.bundesnetzagentur.de/DE/Fachthemen/ElektrizitaetundGas/Monitoringberichte/start.html, aufgerufen am 10.10.2024.

Christmann, R., et al., Veröffentlichung, „Nachhaltigkeit und Compliance durch Unternehmensstrafrecht auch für Kommunalunternehmen? – Eine rechtsökonomische Betrachtung", in: Kommunales Nachhaltigkeitsmanagement: Ein integrativer Ansatz mit Fokus Wirtschaft am Beispiel der Stadt Hannover, S. 121 ff, Springer Gabler, 2024.

Cranshaw, F. L., Veröffentlichung, „Insolvenz- und finanzrechtliche Perspektiven der Insolvenz von juristischen Personen des öffentlichen Rechts, insbesondere Kommunen", Vol. 7, Walter de Gruyter, 2007.

Dahlbeck, E., et al., „Kommunale Haushalte im Lichte der aktuellen Krisen", No. 01/2024, Institut für Arbeit und Technik, Gelsenkirchen, Forschung Aktuell, 2024, online verfügbar: https://www.econstor.eu/handle/10419/283046, aufgerufen am 3.10.2024.

Dauses/Ludwigs, Veröffentlichung, EU-WirtschaftsR-HdB, H. H.III. Staatliche Beihilfen Rn. 32, in: Handbuch des EU-Wirtschaftsrechts, 60. Auflage, 2024, Verlag C. H. Beck.

Der INDAT, Verlagswebseite, „Veolia übernimmt verbliebenen 25,1 Prozent Anteil an Geraer Umweltdienste GmbH & Co. KG (GUD)", 24.3.2021, online verfügbar: https://www.der-indat.de/veolia-uebernimmt-verbliebenen-251-prozent-anteil-an-geraer-umweltdienste-gmbh-co-kg-gud/, aufgerufen am 1.10.2024.

Diermann, R., PV-Magazine, Verlagswebseite, „Messstellenbetreiber Solandeo ist insolvent", 6.5.2024, online verfügbar: https://www.pv-magazine.de/2024/05/06/messstellenbetreiber-solandeo-ist-insolvent/, aufgerufen am 10.10.2024.

Döring, T., et al., Veröffentlichung, „Finanzbedarf und Finanzierungsmöglichkeiten einer kommunalen Mobilitätswende" *Jahrbuch für öffentliche Finanzen 1-2023*, Berliner Wissenschafts-Verlag, 2023.

Dullien, S., et al. „HERAUSFORDERUNGEN FÜR DIE SCHULDENBREMSE", Mai 2024, IMK Policy Brief Nr. 168, Institut für Makroökonomie und Konjunkturforschung der Hans-Böckler-Stiftung, online verfügbar: https://www.boeckler.de/pdf/p_imk_pb_168_2024.pdf, aufgerufen am 1.10.2024.

EnBW, Firmenwebseite, „Aktie – Informationen zu unserem Aktienkurs, zur Dividende und zur Aktionärsstruktur.", 2024, online verfügbar: https://www.enbw.com/investoren/aktie/, aufgerufen am 2.10.2024.

Edf, Firmenwebseite, „Transmission and distribution", 2024, online verfügbar: https://www.edf.fr/en/the-edf-group/edf-at-a-glance/transmission-and-distribution#:~:text=In%20France%2C%20Enedis%20manages%20the,company%20and%20local%20authority%20customers, aufgerufen am 10.10.2024.

EEX, Firmenwebseite, „Aktionäre", 2024, online verfügbar: https://www.eex.com/de/about-eex/eex-ag/aktionaere, aufgerufen am 9.10.2024.

EID, Energie Informationsdienst, Verlagswebseite, „Stadtwerke Cottbus vor der Pleite gerettet", 2005, online verfügbar: https://www.eid-aktuell.de/nachrichten/mineraloelmarkt/detail/news/stadtwerke-cottbus-vor-der-pleite-gerettet.html, aufgerufen am 10.10.2024.

Energate, Verlagswebseite, „Landesmittel für Sanierung der Stadtwerke Cottbus", 24.5.2006a, online verfügbar: https://www.energate-messenger.de/news/83945/landesmittel-fuer-sanierung-der-stadtwerke-cottbus, aufgerufen am 10.10.2024.

Energate, Verlagswebseite, „Stadtwerke Cottbus bringen NRW-Stadtwerken Verluste", 18.5.2006b, online verfügbar: https://www.energate-messenger.de/news/83869/stadtwerke-cottbus-bringen-nrw-stadtwerken-verluste, aufgerufen am 10.10.2024.

Energie & Management, Verlagswebseite, „Bad Säckingens Versorger hat den Kopf wieder über Wasser", 30.1.2024a, online verfügbar: https://www.energie-und-management.de/nachrichten/detail/bad-saeckingens-versorger-hat-den-kopf-wieder-ueber-wasser-208698, aufgerufen am 1.10.2024.

Energie & Management, Verlagswebseite, „Von BMP-Pleite betroffene Stadtwerke kämpfen ums Geld", 8.2.2024b, online verfügbar: https://www.energie-und-management.de/nachrichten/recht/detail/von-bmp-pleite-betroffene-stadtwerke-kaempfen-ums-geld-209803, aufgerufen am 10.10.2024.

Energie & Management, Verlagswebseite, „Bis dato kein Gebot für insolventen Fernwärmeversorger", 23.8.2024c, online verfügbar: https://www.energie-und-management.de/nachrichten/detail/bis-dato-kein-gebot-fuer-insolventen-fernwaermeversorger-231650, aufgerufen am 10.10.2024.

Energie & Management, Verlagswebseite, „Ostthüringer Stadtwerk kündigt Antrag auf Insolvenz an", 28.11.2023a, online verfügbar: https://www.energie-und-management.de/nachrichten/detail/ostthueringer-stadtwerk-kuendigt-antrag-auf-insolvenz-an-202574, aufgerufen am 2.10.2024.

Energie & Management, Verlagswebseite, „Weg frei für den Insolvenzplan der Stadtwerke Bad Belzig", 22.2.2023b, online verfügbar: https://www.energie-und-management.de/nachrichten/detail/weg-frei-fuer-den-insolvenzplan-der-stadtwerke-bad-belzig-176114, aufgerufen am 2.10.2024.

Energie & Management, Verlagswebseite, „Discovergy ist saniert", 4.5.2023c, online verfügbar: https://www.energie-und-management.de/nachrichten/personen/detail/discovergy-ist-saniert-182345, aufgerufen am 2.10.2024.

Energie & Management, Verlagswebseite, „Belzigs Ex-Geschäftsführer muss 3,5 Millionen Euro zahlen", 21.11.2023d, online verfügbar: https://www.energie-und-management.de/nachrichten/recht/detail/belzigs-ex-geschaeftsfuehrer-muss-3,5-millionen-euro-zahlen-201802, aufgerufen am 2.10.2024.

Energie & Management, Verlagswebseite, „Wärmegenossenschaft ist insolvent", 9.5.2019, online verfügbar: https://www.energie-und-management.de/nachrichten/energieerzeugung/detail/dettenhaeuser-waermegenossenschaft-ist-insolvent-130728, aufgerufen am 10.10.2024.

Energy Kamer, Organisationswebseite, „Grid operators", online verfügbar: https://www.energiekamer.nl/netbeheerders/, aufgerufen am 10.10.2024.

Enervie, Unternehmenswebseite, „Die Aktionäre der ENERVIE", 2024c, online verfügbar: https://www.enervie-gruppe.de/Home/Wer-wir-sind/eigentuemer-leitung/Aktionaere/Aktionaere.aspx, aufgerufen am 10.10.2024.

Enervie, Unternehmenswebseite, „ENERVIE – Daten und Fakten", 2024b, online verfügbar: https://www.enervie-gruppe.de/Home/Wer-wir-sind/daten-und-fakten.aspx, aufgerufen am 10.10.2024.

Enervie, Unternehmenswebseite, „ENERVIE – Energie für die Region", 2024a, online verfügbar: https://www.enervie-gruppe.de/Home/Wer-wir-sind/enervie-gruppe/enervie-energie-fuer-die-region.aspx, aufgerufen am 10.10.2024.

Enervie, Unternehmenswebseite, „ENERVIE Gruppe: Schwieriges Geschäftsjahr 2013 aufgrund Fehlsteuerungen der Energiewende", 5.5.2014, online verfügbar: https://www.enervie-gruppe.de/desktopdefault.aspx/tabid-33/43_read-194/, aufgerufen am 10.10.2024.

Enervie, Unternehmenswebseite, „ENERVIE stellt sich den Herausforderungen der Energiewende", 23.2.2015b, online verfügbar: https://www.enervie-gruppe.de/desktopdefault.aspx/tabid-82/192_read-354/, aufgerufen am 10.10.2024.

Enervie, Unternehmenswebseite, „Positive Fortführungsprognose für ENERVIE Gruppe", 29.6.2015a, online verfügbar: https://www.enervie-vernetzt.de/desktopdefault.aspx/tabid-146/188_read-403/usetemplate-print/, aufgerufen am 10.10.2024.

Enervie, Unternehmenswebseite, „Unser Geschäftsjahr 2023", 2024d, online verfügbar: https://www.enervie-gruppe.de/Home/Wer-wir-sind/daten-und-fakten/kennzahlen.aspx aufgerufen am 10.10.2024.

enviaM, Firmenwebseite, „Grundversorgung Strom für Unternehmen", 2024, online verfügbar: https://www.enviam.de/geschaeftskunden/stromlieferung/grundversorgung-strom#:~:text=Der%20Anspruch%20auf%20Grundversorgung%20besteht,Sonstiger%20Bedarf)%2010.000%20Kilowattstunden%20nicht, aufgerufen am 10.10.2024.

Erhardt-Maciejewski, C., Kommunal, 19.9.2022, „Stadtwerke und Kliniken: Kommunen droht Insolvenzwelle", online verfügbar: https://kommunal.de/stadtwerke-kliniken-insolvenzwelle, aufgerufen am 4.10.2024.

Europäische Kommission, Veröffentlichung, „Leitlinien für staatliche Beihilfen zur Rettung und Umstrukturierung nichtfinanzieller Unternehmen in Schwierigkeiten", 2014/C 249/01, Amtsblatt der Europäischen Union, online verfügbar: https://eur-lex.europa.eu/legal-content/DE/TXT/PDF/?uri=CELEX:52014XC0731(01)&from=EN, aufgerufen am 10.10.2024.

EY und BDEW, Unternehmenswebseite, „Stadtwerkestudie 2023", 2023, online verfügbar: https://www.bdew.de/media/original_images/2023/06/09/ey_bdew_sws_2023.pdf, aufgerufen am 7.10.2024.

EY, Unternehmenswebseite, „EU-beihilferechtliche Maßgaben für den Ausgleich von Defiziten bei kommunalen Gasversorgern in der Krise", 14.7.2022, online verfügbar https://www.ey.com/de_de/newsboard-energiewirtschaft-politik-oeffentlicher-sektor/eu-beihilferechtliche-massgaben-fuer-den-ausgleich, aufgerufen am 2.10.2024.

Faulhaber, P., et al., Veröffentlichung, „Turnaround-Management in der Praxis: Umbruchphasen nutzen – neue Stärken entwickeln", Campus Verlag, 2009.

FAZ, Frankfurter Allgemeine Zeitung, Verlagswebseite, „7000 Wohnungen in Gera werden verkauft", 30.7.2014, online verfügbar: https://www.faz.net/aktuell/wirtschaft/wohnen/stadtwerke-gera-insolvent-7000-wohnungen-werden-verkauft-13073173.html, aufgerufen am 10.10.2024.

Fernwasserversorgung Franken, Unternehmenswebseite, 2024, „FERNWASSERVERSORGUNG FRANKEN", online verfügbar: Startseite – Fernwasserversorgung Franken (FWF) (fernwasser-franken.de), aufgerufen am 10.10.2024.

Fischer, T., Veröffentlichung, „§ 18 Insolvenz öffentlicher Unternehmen", In: Depenheuer, O., Kahl, B. (eds) Staatseigentum. Bibliothek des Eigentums, vol 15. Springer, Berlin, Heidelberg, 2021, https://doi.org/10.1007/978-3-662-54308-5_18.

Fischer, T., Veröffentlichung, 2017, „§ 18 Insolvenz öffentlicher Unternehmen" Staatseigentum. Springer, Berlin, Heidelberg. 253–263, Link: https://doi.org/10.1007/978-3-662-54308-5_18.

Flauger, J., et al., Handelsblatt, Verlagswebseite, „Die Schande der Strom-Branche", 1.3.2017, online verfügbar: https://www.handelsblatt.com/unternehmen/teldafax-chronik-die-schande-der-strom-branche/12390960.html, aufgerufen am 10.10.2024.

Flöther, L., et al.; Veröffentlichung, „Auswirkungen des präventiven Restrukturierungsrahmens auf die Insolvenzantragstellung", In: Neue Zeitschrift für das Recht der Insolvenz und Sanierung, 2019-08-30, Heft 16–17, S. 80–82.

Gaffron, R., Märkische Allgemeine, „Arbeitsmarkt in Potsdam-Mittelmark: Handel als Hoffnungsträger", 31.1.2024, online verfügbar: https://www.maz-online.de/lokales/potsdam-mittelmark/bad-belzig/bad-belzig-arbeitslosenquote-steigt-im-januar-2024-auf-7-0-prozent-A4G2BYBOBFBLHFL3WO7AC324GI.html, aufgerufen am 1.10.2024

Gail, M., et al., Veröffentlichung, „Staatliche Eingriffe zur Erfüllung der Daseinsvorsorge: Der öffentliche Personennahverkehr", *Staatliche Eingriffe in die Preisbildung: Darstellung, Erklärung und Wirkungsanalyse*. Wiesbaden: Springer Fachmedien Wiesbaden, 2023. 49–66.

Geiger/Khan/Kotzur/Kirchmair/Eisenhut, Veröffentlichung, AEUV Art. 107, in: EUV/AEUV, 7. Aufl. 2023, Verlag C. H. Beck.

Gosejohann, K., Efahrer, Verlagswebseite, „Fernwärmedrama in bayerischem Dorf: Bewohner erhalten absurden Kostenvorschlag", 28.2.2024, online verfügbar: https://efahrer.chip.de/news/energieversorger-laesst-hausbesitzer-frieren-jetzt-spricht-ein-richter-klartext_1018286, aufgerufen am 10.10.2024.

Gottschalk, A., hessenschau, Verlagswebseite, „Wenn der Energieversorger pleitegeht: Ein Jahr kalte Dusche", 18.7.2023, online verfügbar: https://www.hessenschau.de/wirtschaft/insolventer-energieanbieter-stadt-wetzlar-und-enwag-wollen-eab-fernwaermenetze-uebernehmen-v2,ein-jahr-fernwaerme-wetzlar-100.html#:~:text=Fernw%C3%A4rme%2DKrise%20in%20Wetzlar%20Wenn,EAB%20ist%20nun%20offiziell%20insolvent., aufgerufen am 10.10.2024.

Grabitz/Hilf/Nettesheim/von Wallenberg/Schütte, Veröffentlichung, AEUV Art. 107 Rn. 272, in: Das Recht der EU, 82. EL Mai 2024, Verlag C. H. Beck.

Grützmacher, R., Moin.de, Verlagswebseite, „Schleswig-Holstein: Stadtwerke gehen brisanten Schritt – und lösen in ganz Deutschland Entsetzen aus", 30.9.2022, online verfügbar: https://www.moin.de/norddeutschland/schleswig-holstein-flensburg-stadtwerke-hamburg-gas-kuendigung-a-id300008847.html, aufgerufen am 10.10.2024.

Häfner, K., Bachelorarbeit, „Analyse und Bewertung aktueller und zukünftiger Finanzierungsherausforderungen für Stadtwerke", Staatliche Studienakademie Glauchau in Zusammenarbeit mit der Commerzbank AG, 2016, online verfügbar: https://opus.ba-glauchau.de/files/3138/H%C3%A4fner+BK13+Stadwerkefinanzierung.pdf.

Handelsblatt, Verlagswebseite, „Finanzierungsdruck erfordert neue Wege", 5.9.2024a, online verfügbar: https://live.handelsblatt.com/finanzierungsdruck-erfordert-neue-wege/, aufgerufen am 10.10.2024.

Handelsblatt, Verlagswebseite, „Rettungspaket in Sicht – Baywa soll Kapitalspritze erhalten", 31.7.2024b, online verfügbar: https://www.handelsblatt.com/unternehmen/energie/agrar-rettungspaket-in-sicht-baywa-soll-kapitalspritze-erhalten/100056564.html, aufgerufen am 10.10.2024.

Handelsblatt, Verlagswebseite, „Gutachter – Baywa kann „unter bestimmten Voraussetzungen" saniert werden", 24.9.2024c, online verfügbar: https://www.handelsblatt.com/unternehmen/industrie/baywa-krisenkonzern-kann-unter-bestimmten-voraussetzungen-saniert-werden/100072472.html, aufgerufen am 10.10.2024.

Handelsblatt, Verlagswebseite, „Streit um Hunderte Millionen Euro nach Insolvenz von EnBW-Beteiligung", 31.10.2023, online verfügbar: https://www.handelsblatt.com/unternehmen/energie/bmp-greengas-streit-um-hunderte-millionen-euro-nach-insolvenz-von-enbw-beteiligung/29465478.html, aufgerufen am 10.10.2024.

Hänel, R., Veröffentlichung, BeckOK StaRUG, Skauradszun/Fridgen, 13. Edition, Stand 1.7.2024, StaRUG § 97 Rn. 10, Verlag C. H. Beck, 2024.

Haushaltsplan Bad Belzig, Behördenwebseite, „Vorlage für die Stadtverordnetenversammlung der Stadt Bad Belzig", 7.4.2022, online verfügbar: https://rig.stadt-belzig.de/ti-1/listen/Beleg_e20229D25162EE415F15E0D8E9638B747E748AN60_g.pdf, aufgerufen am 1.10.2024.

Haushaltssteuerung.de, Portal zur öffentlichen Haushalts- und Finanzwirtschaft, „Schulden-Ranking der 144 amtsfreien, kreisangehörigen Städte und Gemeinden in Brandenburg", 11.9.2014, online verfügbar: https://www.haushaltssteuerung.de/weblog-schulden-ranking-der-144-amtsfreien-kreisangehoerigen-staedte-und-gemeinden-in-brandenburg.html#:~:text=Unter%20den%20Gemeinden%20mit%20mindestens,(2.938%20Euro%20je%20Einwohner), aufgerufen am 1.10.2024

Held, J., Aufsatz, „Wärmerechtliches Wechselmanagement und Wärme-Interimsversorgung als Bestandteile der übertragenden Sanierung von Wärmeversorgungsunternehmen", 2024, NZI 2024, 697, beck-online.

Henssler/Strohn/Verse, Veröffentlichung, GmbHG § 13 Rn. 36, in: Gesellschaftsrecht, 6. Aufl. 2024, C. H. Beck Verlag.

Hescheler, M., schäbische, Verlagswebseite, „Für das Desaster bei den Stadtwerken bezahlen die Bürger", 26.9.2024a, online verfügbar: https://www.schwaebische.de/regional/sigmaringen/sigmaringen/k-2934830, aufgerufen am 10.10.2024.

Hescheler, M., schäbische, Verlagswebseite, „Stadtwerke Sigmaringen tauschen Geschäftsführer aus", 26.9.2024b, online verfügbar: https://www.schwaebische.de/regional/sigmaringen/sigmaringen/stadtwerke-sigmaringen-tauschen-geschaeftsfuehrer-aus-2837362, aufgerufen am 10.10.2024.

Literatur- und Quellenverzeichnis

Hesse, F., come-on, Verlagswebseite, „Krimi um Enervie-Rettung geht weiter", 29.6.2015, online verfügbar: https://www.come-on.de/luedenscheid/krimi-enervie-rettung-5178715.html, aufgerufen am 10.10.2024.

Hofmann, J., et al., Veröffentlichung, 2014, „Controlling und Basel III in der Unternehmenspraxis: Strategien zur Bewältigung erhöhter Bonitätsanforderungen", Springer-Verlag, Link: https://doi.org/10.1007/978-3-658-06056-5.

Holler, F., et al., „Stadtwerke in der Insolvenz: Der Konzern Kommune in der Krise?", Institut für den öffentlichen Sektor e.V., Public Governance, Winter (2015): 6–12., online verfügbar: https://publicgovernance.de/media/PG_Winter_2015_Schwerpunkt_StadtwerkeinderInsolvenz.pdf, aufgerufen am 3.10.2024.

IDW, Verbandsveröffentlichung, „IDW Standard: Anforderungen an Sanierungskonzepte (IDW S6)", 22.6.2023, Erscheinungstermin 8.12.2023, ISBN 978-3-8021-2895-0, IDW-Verlag, Link: https://shop.idw-verlag.de/IDW-Standard-Anforderungen-an-Sanierungskonzepte-IDW-S-6/20703.

Immenga/Mestmäcker/Körber, GWB § 29 Rn. 67a, in: Wettbewerbsrecht, 7. Aufl. 2024, C. H. Beck Verlag.

IWR-Pressedienst, Verlagswebseite, 3.5.2024, „Solandeo GmbH stellt Eigenverwaltungsantrag zur Unternehmenssanierung", online verfügbar: https://www.iwrpressedienst.de/energie-themen/pm-8113-solandeo-gmbh-stellt-eigenverwaltungsantrag-zur-unternehmenssanierung, aufgerufen am 4.10.2024.

Jasch, M., Veröffentlichung, „Übernahme von Garantenpflichten aus Ingerenz?", In: Neue Zeitschrift für Strafrecht: NStZ, Jg. 25 (2005), Heft 1, S. 8–12.

Junkernheinrich, M., et al., Veröffentlichung, „Brennpunkte der Kommunalpolitik in Deutschland", Nomos Verlag, 2021.

Kalleicher, D., et al., Veröffentlichung, „Herausfordernde ÖPNV-Finanzierung: Kommunen benötigen Unterstützung bei der Mobilitätswende", *Nahverkehr* 40.9 (2022), online verfügbar: https://trid.trb.org/View/2364611, aufgerufen am 10.10.2024.

Kanzlei Jaffé, Firmenwebseite, „Stadtwerke Gera AG", online verfügbar: https://www.jaffe-rae.de/referenzverfahren/detail/stadtwerke-gera-ag/, aufgerufen am 1.10.2024.

Kassner, K., et al., Fraktionswebseite, „Stadtwerke Gera schlittern in die Pleite", 8.8.2014, online verfügbar: https://www.axel-troost.de/de/article/7971.stadtwerke-gera-schlittern-in-die-pleite.html, aufgerufen am 10.10.2024.

Keller, U., Veröffentlichung, InsR, 1. Teil. Grundsätze des Insolvenzrechts Rn. 142, in: Insolvenzrecht, Vahlen, 2. Auflage, 2020, beck-online.

KPMG, Unternehmenswebseite, „Stadtwerke auf dem Weg in die Krise", 2016, online verfügbar: https://assets.kpmg.com/content/dam/kpmg/pdf/2016/04/stadtwerke-in-der-krise-kpmg-2016.pdf, aufgerufen am 1.10.2024.

KPMG, Unternehmenswebseite, „Stadtwerke, kommunale Unternehmen und aktuelle Herausforderungen", November 2022, online verfügbar: https://assets.kpmg.com/content/dam/kpmg/de/pdf/Themen/2023/02/221121%20KPMG%20DA%20%20LAW%20f%C3%BCr%20Stadtwerke_final.pdf, aufgerufen am 2.10.2024.

Krebs, H. et al., Veröffentlichung, „Energieresilienz und Klimaschutz: Energiesysteme, kritische Infrastrukturen und Nachhaltigkeitsziele", 1st ed. 2021, Wiesbaden: Springer Fachmedien Wiesbaden, Imprint: Springer Vieweg, ISBN 9783658359751. Verfügbar unter: https://doi.org/10.1007/978-3-658-35975-1.

Kremp, A., Badische Zeitung „Stadtwerke Bad Säckingen haben fast 9 Millionen Euro Verlust gemacht", 15.11.2022, online verfügbar: https://www.badische-zeitung.de/stadtwerke-bad-saeckingen-haben-fast-9-millionen-euro-verlust-gemacht, aufgerufen am 1.10.2024.

Krieger, T., Veröffentlichung, „Ordnungspolitik: Uniper-Rettung überzeugt nicht" Wirtschaftsdienst 102.8, 2022, 577–577, online verfügbar: https://www.proquest.com/openview/53319fbf174023057cead07e001e76ed/1?pq-origsite=gscholar&cbl=2043807, abgerufen am 4.10.2024.

Kuhn, P., 2023. Struktur und strategische Handlungsoptionen deutscher Stadtwerke: Aufgaben, Herausforderungen und Strategien [online]. 1st ed. 2023. Wiesbaden: Springer Fachmedien Wiesbaden, Imprint: Springer Vieweg. ISBN 9783658423018, verfügbar unter: https://doi.org/10.1007/978-3-658-42301-8

Land Brandenburg, Behördenwebseite, „Unterstützung für Sanierung der angeschlagenen Stadtwerke Cottbus", 11.10.2005, online verfügbar: https://www.brandenburg.de/cms/detail.php/lbm1.c.292873.de, aufgerufen am 10.10.2024.

Landkreis Sigmaringen, Behördenwebseite, „Wirtschaft im Landkreis", 2024, online verfügbar: https://www.landkreis-sigmaringen.de/de/Landkreis/Wirtschaft/Wirtschaft-im-Landkreis, aufgerufen am 10.10.2024.

Lembeck, M., jUV, Verlagswebseite, „Finanzrestrukturierung bei Enervie mit Heuking und White & Case", 13.11.2015, online verfügbar: https://www.juve.de/deals/energieversorger-finanzrestrukturierung-bei-enervie-mit-heuking-und-white-case/, aufgerufen am 10.10.2024.

Lormes, I., Veröffentlichung, „Kommunalisierung der Energieversorgung: Eine explorative Untersuchung von Stadtwerke-Gründungen", Wiesbaden: Springer Fachmedien Wiesbaden, 2016, Imprint: Springer VS. ISBN 9783658133191. Verfügbar unter: https://doi.org/10.1007/978-3-658-13319-1.

Magin, C., Veröffentlichung, „Kommunale Rechnungslegung: Konzeptionelle Überlegungen, Bilanzanalyse, Rating und Insolvenz", Wiesbaden: Gabler Verlag/Springer Fachmedien Wiesbaden GmbH, Wiesbaden. ISBN 9783834961518, 2011, verfügbar unter: https://doi.org/10.1007/978-3-8349-6151-8.

Main-Echo, Verlagswebseite, 11.10.2022, „Aschaffenburger Stadtwerke fürchten um ihre Existenz", online verfügbar: Aschaffenburger Stadtwerke fürchten um ihre Existenz (main-echo.de), aufgerufen am 10.10.2024,

Main-Spitze, Verlagswebseite, „Stadtwerke suchen Wege aus dem Finanzierungsdilemma", 23.8.2024, online verfügbar: https://www.main-spitze.de/lokales/kreis-gross-gerau/ruesselsheim/stadtwerke-suchen-wege-aus-dem-finanzierungsdilemma-3906253, aufgerufen am 10.10.2024.

Markt und Mittelstand, Verlagswebseite, 17.1.2022, „Profitabilität von Stadtwerken sinkt", online verfügbar: Profitabilität von Stadtwerken sinkt - Markt und Mittelstand, aufgerufen am 10.10.2024.

MaStR, Marktstammdatenregister, Behördenwebseite, „Marktstammdatenregister", 2024, online verfügbar: https://www.marktstammdatenregister.de/MaStR, aufgerufen am 10.10.2024.

Matz, M., Merkur, 8.12.2023, „Nicht handlungsfähig: Zweifel an Umstrukturierung der Stadtwerke werden lauter", online verfügbar: https://www.merkur.de/bayern/schwaben/fuessen-pfronten-reutte-kreisbote/nicht-handlungsfaehig-zweifel-an-umstrukturierung-der-fuessener-stadtwerke-werden-lauter-92715931.html, aufgerufen am 10.10.2024.

MAZ, Märkische Allgemeine, Verlagswebseite, „Cottbus hat höchste Pro-Kopf-Verschuldung", 8.3.2018, online verfügbar: https://www.maz-online.de/brandenburg/cottbus-hat-hoechste-pro-kopf-verschuldung-UWKAL2JCQBUV7GTHWSZP5HG3M4.html, aufgerufen am 10.10.2024.

Michalski, L. (Begr.), Heidinger, A., Leible, S. Schmidt, J. (Hrsg.), Bartlitz, D. Blath, S., Bormann, J. Dahl, M., Ebbing, F., Egner, T., Farwick, L. Fleischer, H., Giedinghagen, C., Heidinger, A., Hälzle, G., Hoffmann, J., Kämper, I., Knaier, R., Leible, S., Leitzen, M., Lenz, T., Lieder, J., Linnenbrink, F., Mock, S., Müller-Berg, M., Nestler, N., Römermann, V., Rühland, P., Schmidt, J., Servatius, W., Sigloch, J., Sosnitza, O., Stelmaszczyk, P., Süß, Rembert, Tebben, J., Terlau, M., Waldner, W., Weiss, M., Ziemons, H., Veröffentlichung, Kommentar zum Gesetz betreffend die Gesellschaften mit beschränkter Haftung (GmbH-Gesetz): GmbHG, C. H. Beck, 4. Auflage, 2023, Systematische Darstellung 2 Internationales Gesellschaftsrecht, zitiert als MHLS (2023), Rn.

Mulert, M., et al., Veröffentlichung, „Gesellschaftsrechtlich zulässige Regelungen im Insolvenz- und Restrukturierungsplan", In: Neue Zeitschrift für Gesellschaftsrecht, 2021-06-02, Heft 16, S. 673–683.

Munteanu, A., Ostthüringer Zeitung, Verlagswebseite, „Stadtwerke-Bilanz von Gera „hochgradig brisant"", 7.12.2011, online verfügbar: https://www.otz.de/wirtschaft/article218089385/Stadtwerke-Bilanz-von-Gera-hochgradig-brisant.html, aufgerufen am 10.10.2024.

NDR, Verlagswebseite, „Kommunen in Niedersachsen ächzen unter Milliarden-Schulden", 29.9.2023, online verfügbar: https://www.ndr.de/nachrichten/niedersachsen/Kommunen-in-Niedersachsen-aechzen-unter-Milliarden-Schulden,landesrechnungshof288.html, aufgerufen am 9.10.2024.

NDR, Verlagswebseite, „Stadtwerke Flensburg stellen überregionale Versorgung mit Gas ein", 27.9.2022, online verfügbar: https://www.ndr.de/nachrichten/schleswig-holstein/Stadtwerke-Flensburg-stellen-ueberregionale-Versorgung-mit-Gas-ein,stadtwerkeflensburg102.html, aufgerufen am 10.10.2024.

Neumaier, V., et al., Handelsblatt, „Gläubiger fordern mehr als 700 Millionen Euro von insolventer EnBW-Tochter", 15.9.2023, online verfügbar: https://www.handelsblatt.com/unternehmen/energie/bmp-greengas-glaeubiger-fordern-mehr-als-700-millionen-euro-von-insolventer-enbw-tochter/29394600.html, aufgerufen am 10.10.2024.

Neumaier, V., WirtschaftsWoche, Verlagswebseite, „Misswirtschaft, Gier und Unvermögen", 8.8.2022, online verfügbar: https://www.wiwo.de/my/unternehmen/energie/bad-saeckingen-misswirtschaft-gier-und-unvermoegen/28570176.html, aufgerufen am 1.10.2024.

Otto, T., Merkur, 18.12.2022, „Gas-Sparte zieht Stadtwerke Memmingen tief in die roten Zahlen", online verfügbar: Gas-Sparte zieht Stadtwerke Memmingen tief in die roten Zahlen (merkur.de), aufgerufen am 10.10.2024.

Preißler-Buchta, L., energate-messenger, Verlagswebseite, „Stadtwerke Zeulenroda sind insolvent", 6.6.2024, online verfügbar: https://www.energate-messenger.de/news/244709/stadtwerke-zeulenroda-sind-insolvent, aufgerufen am 1.10.2024.

Prietze, P., et al., Veröffentlichung, „Lieferung von Strom und Gas nach Eröffnung des Insolvenzverfahrens", *Zeitschrift für das gesamte Insolvenzrecht*, *19*(43–44), 2156–2164, 2016.

pwc, Unternehmenswebseite, „Kommunale Versorger und Konzerne – finanzielle Verfassung am Scheideweg", November 2023, online verfügbar: https://www.pwc.de/de/offentliche-unternehmen/pwc-studie-finanzielle-verfassung-kommunaler-versorger-und-konzerne.pdf, aufgerufen am 2.10.2024.

pwc, Unternehmenswebseite, „Krise abgesagt? Finanzierungsverhältnisse kommunaler Versorger und Konzerne", September 2018, online verfügbar: https://www.pwc.de/de/offentliche-unternehmen/pwc-evu-studie-2018.pdf, aufgerufen am 2.10.2024.

Reeber, P., mittelhessen, Verlagswebseite, „Verkauf steht: Enwag bekommt EAB-Fernwärmenetze", 11.1.2024, online verfügbar: https://www.mittelhessen.de/lokales/lahn-dill-kreis/wetzlar/verkauf-steht-enwag-bekommt-eab-fernwaermenetze-3205904, aufgerufen am 10.10.2024.

Rehfuss, Y., schwäbische, Verlagswebseite, „Millionenpaket: Stadt Sigmaringen bewahrt Stadtwerke vor Insolvenz", online verfügbar: https://www.schwaebische.de/regional/sigmaringen/sigmaringen/millionenpaket-stadt-sigmaringen-bewahrt-stadtwerke-vor-insolvenz-2934425, aufgerufen am 10.10.2024.

rnd, Verlagswebseite, „Bad Belzig: Stadtwerkechef sorgt mit waghalsigen Geschäften für Schäden in Millionenhöhe", 16.2.2022, online verfügbar: https://www.rnd.de/wirtschaft/bad-belzig-stadtwerke-chef-sorgt-mit-waghalsigen-geschaeften-fuer-schaeden-in-millionenhoehe-25QICELXPJBRPCDSKOTU75JHR4.html, aufgerufen am 2.10.2024.

Rödl & Partner, Unternehmenswebseite, „bmp-greengas-Insolvenz zwingt Marktakteure zur Anpassung der bestehenden Rohbiogas- und Biomethanlieferverträge", 12.9.2023, online verfügbar: https://www.roedl.de/themen/erneuerbare-energien/2023/september/bmp-greengas-insolvenz-marktakteure-anpassung-rohbiogas-biomethanliefervertraege, aufgerufen am 11.10.2024.

Rödl & Partner, Unternehmenswebseite, „Stadtwerke in der Krise: Was ist zu tun?", 13.9.2022, online verfügbar: https://www.roedl.de/themen/stadtwerke-kompass/2022/17/stadtwerke-in-der-krise-was-ist-zu-tun, aufgerufen am 2.10.2024.

Rödl & Partner, Unternehmenswebseite, 5.3.2015, „Finanzierung von Versorgungsunternehmen", online verfügbar: Finanzierung von Versorgungsunternehmen | Rödl & Partner (roedl.de), aufgerufen am 10.10.2024.

Röger, B., Veröffentlichung, „Insolvenz kommunaler Unternehmen in Privatrechtsform am Beispiel kommunaler Eigengesellschaften in Nordrhein-Westfalen", 1. Aufl. Schriften zum Wirtschaftsverwaltungs- und Vergaberecht. 6. ISBN 3-8329-1463-3, 2005.

Roland Berger, Unternehmenswebseite, „Endspiel im Energienetz", 2016, online verfügbar: https://www.rolandberger.com/publications/publication_pdf/ta_16_043_tab_01_netzrendite_09.pdf, aufgerufen am 1.10.2024.

Roland Berger, Unternehmenswebseite, „Verzögerte Krise bei Energieversorgern", 19.5.2020, online verfügbar: https://www.rolandberger.com/de/Insights/Publications/Verz%C3%B6gerte-Krise-bei-Energieversorgern.html, aufgerufen am 4.10.2024.

Saenger/Inhester, Veröffentlichung, GmbHG, GmbHG § 13 Rn. 100, 5. Auflage 2024, Nomos.

Salzmann, D., Die Welt, Verlagswebseite, „Cottbuser Stadtwerke angeschlagen", 19.11.2005, online verfügbar: https://www.welt.de/print-welt/article179138/Cottbuser-Stadtwerke-angeschlagen.html, aufgerufen am 10.10.2024.

Schaefer, K., HNA, Verlagswebseite, „Stromverträge für mehreren Edeka-Filialen gekündigt: „Dann vergammelt alles in unseren Kühltruhen"", 16.9.2022, online verfügbar: https://www.hna.de/verbraucher/edeka-supermarkt-strom-vertrag-kuendigung-stadtwerke-osnabrueck-lebensmittel-zr-91793224.html, aufgerufen am 10.10.2024.

Schäfer, M., Veröffentlichung, „Ausgewählte aktuelle Trends in der Kommunalwirtschaft mit strategischer Relevanz." Kommunalwirtschaft: Eine gesellschaftspolitische und volkswirtschaftliche Analyse. Wiesbaden: Springer Fachmedien Wiesbaden, 2024. 271–378.

Schilling, G., Der Neue Kämmerer, „Stadtwerke Bad Belzig auf Sanierungskurs", 12.1.2022, online verfügbar: https://www.derneuekaemmerer.de/stadtwerke/stadtwerke-bad-belzig-auf-sanierungskurs-20654/, aufgerufen am 1.10.2024.

Schilling, G., Der Neue Kämmerer, „Stadtwerke Bad Belzig vor Neuanfang", 28.2.2023, online verfügbar: https://www.derneuekaemmerer.de/beteiligungen/stadtwerke-bad-belzig-vor-neuanfang-24074/, aufgerufen am 1.10.2024.

Schirrmacher, C., Veröffentlichung, „Der Schutz der Gläubiger einer kommunalen Eigengesellschaft mbH", Vol. 62. Mohr Siebeck, 2019.

Schlappat, O., WAZ, Verlagswebseite, „Trianel-Beteiligung führt in Flensburg zu Pleite", 4.1.2013, online verfügbar: https://www.waz.de/daten-archiv/article7445424/trianel-beteiligung-fuehrt-in-flensburg-zu-pleite.html, aufgerufen am 10.10.2024.

Schlüer, J., Volksstimme, Verlagswebseite, „Einwohner-Minus in Wanzleben", 26.1.2021, online verfügbar: https://www.volksstimme.de/lokal/wanzleben/einwohner-minus-in-wanzleben-1098915, aufgerufen am 1.10.2024.

Schmidt, T., Der Neue Kämmerer, Verlagswebseite, „Stadtwerke Wanzleben melden Insolvenz an", 1.8.2014, online verfügbar: https://www.derneuekaemmerer.de/beteiligungen/news/stadtwerke-wanzleben-melden-insolvenz-an-7624/, aufgerufen am 1.10.2024.

Schnell, L., Süddeutsche Zeitung, „Die am wenigsten haben, zahlen den höchsten Preis", 4.4.2024, online verfügbar: https://www.sueddeutsche.de/bayern/wenzenbach-regensburg-fernwaerme-waermenetz-insolvenz-1.6519553, aufgerufen am 10.10.2024.

Schröter/Klotz/von Wendland, Veröffentlichung, AEUV Art. 107 Rn. 1097, in: Europäisches Wettbewerbsrecht, 3. Auflage 2024, Nomos.

Schultz, S., Spiegel, Verlagswebseite, „Ein Monat kaltes Wasser – weil der Fernwärmeversorger pleite ist", 21.3.2024, online verfügbar: https://www.spiegel.de/wirtschaft/service/wenzenbach-ein-monat-kaltes-wasser-weil-der-fernwaermeversorger-pleite-ist-a-6213de6d-c865-4394-8f79-60aa78a9a324, aufgerufen am 10.10.2024.

Schumpeter, J., Honneth, A. (Hg.), Herzog, L. (Hg.), Veröffentlichung, „Schriften zur Ökonomie und Soziologie", Suhrkamp Verlag, Berlin, ISBN: 9783518741733, 2016.

Seuberlich, M., Veröffentlichung, „Arme und reiche Städte: Ursachen der Varianz kommunaler Haushaltslagen", Springer-Verlag, 2017.

Simon, F., EURACTIV, Verlagswebseite, „Energieversorger warnen vor „beispielloser" Liquiditätskrise in Europa", 9.9.2022, online verfügbar: https://www.euractiv.de/section/energie/news/energieversorger-warnen-vor-beispielloser-liquiditaetskrise-in-europa/, aufgerufen am 10.10.2024.

Sonnenberg, P., tagesschau, 20.9.2022, „Wer rettet die Stadtwerke?", online verfügbar: Energiekrise: Wer rettet die Stadtwerke? | tagesschau.de, aufgerufen am 10.10.2024.

Spiegel, Verlagswebseite, „Kosten für Abriss von AKW Hamm-Uentrop soll der Bund übernehmen", 5.9.2024, online verfügbar: https://www.spiegel.de/wirtschaft/mona-neubaur-kosten-fuer-abriss-vom-akw-hamm-uentrop-soll-der-bund-uebernehmen-a-8104855c-8b6e-48a5-b0c3-0a05ec8a96ba, aufgerufen am 2.10.2024.

Spiegel, Verlagswebseite, „Pleite von BMP Greengas besorgt deutsche Stadtwerke", 3.8.2023, online verfügbar: https://www.spiegel.de/wirtschaft/enbw-tochter-pleite-von-bmp-greengas-besorgt-deutsche-stadtwerke-a-4b35d74e-15f5-4180-bc90-91141686b2b8, aufgerufen am 10.10.2024.

Spiegel, Verlagswebseite, „Nordrhein-Westfalen spannt Rettungsschirm für Stadtwerke", 3.11.2022, online verfügbar: https://www.spiegel.de/wirtschaft/unternehmen/steigende-energiepreise-nordrhein-westfalen-spannt-rettungsschirm-fuer-stadtwerke-a-8947b5cd-aa43-4278-9a1f-ccdda772e5ce, aufgerufen am 3.10.2024.

Spiegel, Verlagswebseite, „Gera – Der Niedergang einer deutschen Stadt", 5.7.2017, online verfügbar: https://www.spiegel.de/spiegel/in-gera-der-pleitestadt-in-thueringen-mangelt-es-an-geld-und-antriebskraft-a-1155672.html, aufgerufen am 1.10.2024.

Spiegel, Verlagswebseite, „Gottschalk-Brüder warben auch für Teldafax", 15.1.2013, online verfügbar: https://www.spiegel.de/wirtschaft/wetten-dass-gottschalk-brueder-warben-auch-fuer-teldafax-a-877570.html, aufgerufen am 10.10.2024.

Stadt Bad Belzig, Behördenwebseite, „Daten & Fakten", online verfügbar: https://www.bad-belzig.de/seite/369699/daten-fakten.html, aufgerufen am 1.10.2024.

Stadt Bad Säckingen, Behördenwebseite, „Wirtschaftsdaten", online verfügbar: https://www.bad-saeckingen.de/unsere-stadt/wirtschaft-handel/wirtschaftsdaten, aufgerufen am 1.10.2024.

Stadt Cottbus, Behördenwebseite, „Bevölkerungsentwicklung seit 2017", 2024, online verfügbar: https://www.cottbus.de/aktuelles/statistik/bevoelkerung.html, aufgerufen am 10.10.2024.

Literatur- und Quellenverzeichnis

Stadt Cottbus, Behördenwebseite, „Cottbus erhält Stadtwerkebürgschaften zurück – Positive Halbjahresbilanz", 26.8.2014, online verfügbar: https://www.cottbus.de/aktuelles/mitteilungen/2014-08/cottbus_erhaelt_stadtwerkebuergschaften_zurueck_-_positive_halbjahresbilanz.html, aufgerufen am 10.10.2024.

Stadt Cottbus, Behördenwebseite, „Scheitern des Veräußerungsverfahrens", 29.4.2008, online verfügbar: https://www.cottbus.de/aktuelles/mitteilungen/2008-04/sanierung_stadtwerke_cottbus_gmbh.html, aufgerufen am 10.10.2024.

Stadt Gera, behördliche Webseite, „Bevölkerung", 2024, online verfügbar: https://www.gera.de/verwaltung-buergerservice/statistik-/-geodaten-/-opendata/bevoelkerung, aufgerufen am 1.10.2024.

Stadt Sigmaringen, Behördenwebseite, „Mitteilung zur aktuellen Situation der Stadtwerke Sigmaringen GmbH und die Unterstützung durch die Stadt Sigmaringen", 27.9.2024, online verfügbar: https://www.sigmaringen.de/de/Buerger-Rathaus/Aktuelles-Stadtinfo/Aktuelles/2024-03/Mitteilung-zur-aktuellen-Situation-der-Stadtwerke-Sigmaringen-GmbH-und-die-Unterstuetzung-durch-die-Stadt-Sigmaringen_1510965.html, aufgerufen am 10.10.2024.

Stadt Zeulenroda-Triebes, Behördenwebseite, „Willkommen in Zeulenroda-Triebes", 2024, online verfügbar: https://www.zeulenroda-triebes.de/seite/565378/zeulenroda-triebes.html, aufgerufen am 1.10.2024.

Stadtwerke Bad Säckingen, Unternehmenswebseite, „Ihre Stadtwerke aus der Region", online verfügbar: https://sws-energie.de/, aufgerufen am 1.10.2024a.

Stadtwerke Bad Säckingen, Unternehmenswebseite, „Veröffentlichungsdaten", online verfügbar: https://sws-energie.de/wp-content/uploads/2024/06/2024_06_05-Uebersicht-VD-Strom-2023-Bad-Saeckingen.pdf, aufgerufen am 1.10.2024b.

Stadtwerke Bad Säckingen, Unternehmenswebseite, „Veröffentlichungsdaten", online verfügbar: https://sws-energie.de/wp-content/uploads/2024/06/Strukturmerkmale-Gas-2023.pdf, aufgerufen am 1.10.2024c.

Stadtwerke Cottbus, Firmenwebseite, „Historie", 2024b, online verfügbar: https://www.stadtwerke-cottbus.de/de/privatkunden/themen/unternehmen/ueber-uns/artikel-historie.html, aufgerufen am 10.10.2024.

Stadtwerke Cottbus, Firmenwebseite, „Struktur und Beteiligungen", 2024a, online verfügbar: https://www.stadtwerke-cottbus.de/de/privatkunden/themen/unternehmen/ueber-uns/artikel-struktur-beteiligung.html#:~:text=Gesellschafter%20der%20Stadtwerke%20Cottbus%20GmbH,GmbH%20mit%2025%2C05%20%25., aufgerufen am 10.10.2024.

Stadtwerke Flensburg, Pressemitteilung, „Stadtwerke Flensburg: Beteiligungstochter FFE meldet Insolvenz an", 2012, online verfügbar: https://akopol.wordpress.com/2012/12/18/stadtwerke-flensburg-beteiligungstochter-ffe-meldet-insolvenz-an/, aufgerufen am 10.10.2024.

Statistisches Bundesamt, Behördenwebseite, 2024, online verfügbar: https://www.destatis.de/DE/Presse/Pressemitteilungen/2024/03/PD24_079_713.html#:~:text=WIESBADEN%20%E2%80%93%20Die%20Gemeinden%20und%20Gemeindeverb%C3%A4nde,4%20034%20Euro%20pro%20Kopf., aufgerufen am 10.10.2024.

Statistisches Landesamt Baden-Württemberg, Behördenwebseite, „Schulden", online verfügbar: https://www.statistik-bw.de/FinSteuern/Schulden/SC-GE-EB.jsp?y=2020&s=alpha, aufgerufen am 1.10.2024.

Statistisches Landesamt BaWü, Behördenwebseite, „Schulden", 2024, online verfügbar: https://www.statistik-bw.de/FinSteuern/Schulden/SC-GE-EB.jsp, aufgerufen am 10.10.2024.

Statistisches Landesamt Sachsen-Anhalt, Behördenwebseite, „Statistischer Bericht Gemeindefinanzen", Juni 2023, online verfügbar: https://statistik.sachsen-anhalt.de/fileadmin/Bibliothek/Landesaemter/StaLa/startseite/Themen/OEffentliche_Finanzen_Personal_Steuern/Berichte/Gemeindefinanzen/6L201_01_2023-A.pdf, aufgerufen am 1.10.2024.

Stiftung Warentest, Organisationswebseite, „Energieversorger pleite – Zählerstand sichern, nicht mehr zahlen", 27.7.2023, online verfügbar: https://www.test.de/Energieversorger-pleite-was-Kunden-wissen-muessen-5424659-0/, aufgerufen am 10.10.2024.

Südkurier, Verlagswebseite, „Bad Säckingen: Ein attraktiver Standort für Unternehmen", 2.11.2023, online verfügbar: https://www.suedkurier.de/region/hochrhein/bad-saeckingen/bad-saeckingen-ein-attraktiver-standort-fuer-unternehmen;art372588,11778395#:~:text=Bad%20S%C3%A4ckingen%20im%20Standortranking&text=Im%20aktuellen%20Standortranking%20landet%20Bad,373%20von%204073%20R%C3%A4ngen%20insgesamt.&text=Dabei%20wurde%20die%20Stadt%20von,Top%2DUnternehmen%20in%20Bad%20S%C3%A4ckingen, aufgerufen am 1.10.2024.

Südkurier, Verlagswebseite, „Update nach Geschäftsführer-Weggang: Die nächsten Schritte bei den Stadtwerken", 12.8.2022, online verfügbar: https://www.suedkurier.de/region/hochrhein/kreis-waldshut/naechster-paukenschlag-geschaeftsfuehrer-der-bad-saeckinger-stadtwerke-geht;art372586,11247691, aufgerufen am 1.10.2024.

SWR aktuell, Verlagswebseite, 6.9.2022, „Gaspreise: Droht Stadtwerken in BW bald die Insolvenz?", online verfügbar: Gaspreise: Droht Stadtwerken in BW bald die Insolvenz? - SWR Aktuell, aufgerufen am 10.10.2024.

SWR, Verlagswebseite, „Schulden der Gemeinden in BW steigen um fast 15 Prozent", 28.3.2024, online verfügbar: https://www.swr.de/swraktuell/baden-wuerttemberg/schulden-gemeinden-bw-100.html, aufgerufen am 1.10.2024.

SWR, Verlagswebseite, „Stadtwerke Herrenberg beenden alle Stromverträge", 10.11.2022, online verfügbar: https://www.swr.de/swraktuell/baden-wuerttemberg/stuttgart/stadtwerke-herrenberg-kuendigen-alle-stromvertraege-100.html, aufgerufen am 10.10.2024.

SZ, Süddeutsche Zeitung, „Offenbar bis zu 20 Millionen Fernwärme-Anschlüsse möglich", 5.6.2023, online verfügbar: https://www.sueddeutsche.de/wirtschaft/fernwaerme-anschluesse-heizen-wohnen-1.5901695, aufgerufen am 10.10.2024.

Theobald/Kühling, I. Missbrauchsaufsicht in der Energiewirtschaft Rn. 163, in: Energierecht, 125. Auflage, 2024, C. H. Beck Verlag.

Theurer, M., Frankfurter Allgemeine, 4.10.2022, „Stadtwerke geraten in große Not wegen steigender Energiepreise", online verfügbar: Stadtwerke geraten in große Not wegen steigender Energiepreise (faz.net), aufgerufen am 2.10.2024.

Thüringer Landesamt für Statistik, behördliche Webseite, „Schulden der Gemeinden und Gemeindeverbände am 31. Dezember ab 2010 in Thüringen", online verfügbar: https://statistik.thueringen.de/datenbank/TabAnzeige.asp?tabelle=gg001645, aufgerufen am 1.10.2024.

TLS, Thüringer Landesamt für Statistik, Behördenwebseite, „Schulden der Gemeinden und Gemeindeverbände am 31. Dezember ab 2010 in Thüringen", 2022, online verfügbar: https://statistik.thueringen.de/datenbank/TabAnzeige.asp?tabelle=gg001645, aufgerufen am 2.10.2024.

Umweltbundesamt, Kurzanalyse, Behördenwebseite, „Drittzugang bei Wärmenetzen", April 2022, online verfügbar: https://www.umweltbundesamt.de/sites/default/files/medien/479/publikationen/cc_32-2022_drittzugang_bei_waermenetzen_0.pdf, aufgerufen am 10.10.2024.

Verbraucherzentrale Niedersachsen, Organisationswebseite, „Drohende Insolvenz eines Energieversorgers frühzeitig erkennen", 13.12.2023, online verfügbar: https://www.verbraucherzentrale-niedersachsen.de/themen/energie-wohnen/drohende-insolvenz-eines-energieversorgers-fruehzeitig-erkennen, aufgerufen am 10.10.2024.

Verivox, Firmenwebseite, „Ausschuss der Stadtwerke Cottbus legt Bericht zu Beinahe-Pleite vor", 26.9.2007, online verfügbar: https://www.verivox.de/strom/nachrichten/ausschuss-der-stadtwerke-cottbus-legt-bericht-zu-beinahe-pleite-vor-20443/, aufgerufen am 10.10.2024.

VKU, Verbandswebseite, „Ein Jahr nach BMP-Greengas-Pleite: Ansprüche der Gläubiger in voller Höhe befriedigen", 29.5.2024, online verfügbar: https://www.vku.de/presse/pressemitteilungen/ein-jahr-nach-bmp-greengas-pleite-ansprueche-der-glaeubiger-in-voller-hoehe-befriedigen/, aufgerufen am 10.10.2024.

Volksstimme, Verlagswebseite, „Firma aus Potsdam übernimmt Stadtwerke Wanzleben", 2.4.2015, online verfügbar: https://www.volksstimme.de/sachsen-anhalt/firma-aus-potsdam-ubernimmt-stadtwerke-wanzleben-658639, aufgerufen am 1.10.2024.

Voßschmidt, S., et al., Veröffentlichung, „Resilienz und Kritische Infrastrukturen", 1. Auflage 2020, Verlag W. Kohlhammer, https://doi.org/10.17433/978-3-17-035435-7.

Wagner, O., et al., Studie, „Status und Neugründungen von Stadtwerken: Deutschland und Japan im Vergleich." Inputpapier zum Projekt Capacity Building für dezentrale Akteure der Energieversorgung in Japan, 2018. Online verfügbar: https://epub.wupperinst.org/frontdoor/deliver/index/docId/7010/file/7010_Stadtwerke.pdf.

Wehner, A., Veröffentlichung, „Fallstricke für Insolvenzverwalter und Energieversorger bei Energielieferverträgen in der Insolvenz", *ZIP: Zeitschrift für Wirtschaftsrecht*, *39*(4), 159–165, 2018.

Wendl, R., Mittelbayerische, Verlagswebseite, „Wenzenbacher Wärme-Drama hält an: Weiter keine Lösung am Roither Berg", 13.6.2024, online verfügbar: https://www.mittelbayerische.de/lokales/landkreis-regensburg/wenzenbacher-waerme-drama-haelt-an-weiter-keine-loesung-am-roither-berg-16239041, aufgerufen am 10.10.2024.

Wenleder, A., BR24, Verlagswebseite, „Insolvenzverwalter will Fernwärme in Wenzenbach wieder aufdrehen", 11.3.2024, online verfügbar: https://www.br.de/nachrichten/

bayern/gericht-fernwaerme-muss-in-wenzenbach-wieder-geliefert-werden,U6hQALu, aufgerufen am 10.10.2024.

Westfalenpost, Verlagswebseite, „Hagen: Enervie schüttelt mit neuer Finanzierung die Krise ab", 5.7.2021, online verfügbar: https://www.wp.de/staedte/hagen/article232710635/Hagen-Enervie-schuettelt-mit-neuer-Finanzierung-die-Krise-ab.html, aufgerufen am 10.10.2024.

Westfalenpost, Verlagswebseite, „Schmidt soll Enervie in Zukunft lotsen", 4.7.2015, online verfügbar: https://www.wp.de/staedte/hagen/article10846611/schmidt-soll-enervie-in-zukunft-lotsen.html, aufgerufen am 10.10.2024.

Wilke, A.-K., Veröffentlichung, „Restrukturierung und Insolvenz von Kommunen", nomos, ISBN 9783748921394, 2021.

Willuhn, M., pv magazine, Verlagswebseite, „Hundert Stromanbieter kündigen kräftige Preiserhöhungen von durchschnittlich 64 Prozent an", 6.1.2022, online verfügbar: https://www.pv-magazine.de/2022/01/06/hunderte-stromanbieter-kuendigen-kraeftige-preiserhoehungen-von-durchschnittlich-64-prozent-an/#:~:text=Sie%20haben%20die%20Lieferungen%20an,hat%20seine%20Lieferungen%20zum%2021.12., aufgerufen am 10.10.2024.

Wirtschaftswoche, Verlagswebseite, „Viele Stadtwerke sind hoch verschuldet", 16.5.2018, online verfügbar: https://www.wiwo.de/politik/deutschland/studie-viele-stadtwerke-sind-hoch-verschuldet/22572518.html, aufgerufen am 1.10.2024.

Wirtschaftswoche, Verlagswebseite, 19.12.2022, „Krisenkonzern Uniper – Aktionäre ebnen Weg zur Verstaatlichung", online verfügbar: Krise bei Uniper: Aktionäre ebnen Weg zur Verstaatlichung (wiwo.de), aufgerufen am 10.10.2024.

Wünscher, F., Diplomarbeit, „Die Durchgriffshaftung wegen Sphärenvermischung im deutschen und österreichischen GmbH-Recht", 2014, online verfügbar: https://unipub.uni-graz.at/obvugrhs/243114, aufgerufen am 2.10.2024.

ZfK, Zeitung für kommunale Wirtschaft, Verlagswebseite, „Profitabilität von Stadtwerken wird sich weiter verschlechtern", 13.1.2022a, online verfügbar: https://www.zfk.de/unternehmen/nachrichten/studie-profitabilitaet-und-bonitaetskennziffern-von-stadtwerken-haben-sich-verschlechtert, aufgerufen am 2.10.2024.

ZfK, Zeitung für kommunale Wirtschaft, Verlagswebseite, „Die Krise ist für Enervie Geschichte", 6.8.2018, online verfügbar: https://www.zfk.de/unternehmen/nachrichten/die-krise-ist-fuer-enervie-geschichte, aufgerufen am 10.10.2024.

Zfk, Zeitung für kommunale Wirtschaft, Verlagswebseite, „Ein Jahr nach BMP-Greengas-Pleite: Der Ärger bleibt groß", 29.5.2024a, online verfügbar: https://www.zfk.de/unternehmen/nachrichten/ein-jahr-nach-bmp-greengas-pleite-der-aerger-bleibt-gross., aufgerufen am 1.10.2024.

Zfk, Zeitung für kommunale Wirtschaft, Verlagswebseite, „Jura Power meldet Insolvenz an", 6.12.2023, online verfügbar: https://www.zfk.de/unternehmen/nachrichten/jura-power-meldet-insolvenz-an, aufgerufen am 10.10.2024.

ZfK, Zeitung für kommunale Wirtschaft, Verlagswebseite, „Smart Metering: Anbieter Discovergy ist insolvent", 30.6.2022b, online verfügbar: https://www.zfk.de/digitalisierung/smart-city-energy/smart-meter-anbieter-discovergy, aufgerufen am 10.10.2024.

Zfk, Zeitung für kommunale Wirtschaft, Verlagswebseite, „Stadtwerke Zeulenroda stellen Insolvenzantrag", 7.6.2024b, online verfügbar: https://www.zfk.de/unternehmen/nachrichten/stadtwerke-zeulenroda-stellen-insolvenzantrag#:~:text=Die%20Stadtwerke%20Zeulenroda%20(Th%C3%BCringen)%20haben,Rechtsanwalt%20Harald%20Heinze%20aus%20Gera., aufgerufen am 1.10.2024.

www.ingramcontent.com/pod-product-compliance
Lightning Source LLC
Chambersburg PA
CBHW081455060425
24672CB00009B/58